朝日新書
Asahi Shinsho 486

内側から見たテレビ

やらせ・捏造・情報操作の構造

水島宏明

朝日新聞出版

まえがき

「先生はテレビでいったい何を煽《あお》ってきたんですか？」

30年続けたテレビ局の記者・ディレクターから大学教員に転職してまもない頃、授業の後にある学生から投げかけられたのが、この質問だった。

驚いた。私自身、そのような意識でテレビの仕事をしたことは一度もない。

だが、テレビ局の外では、この学生のように「テレビとは何かを煽るもの」「真実を映し出さないもの」「嘘をつくもの」という受け止め方をしている人間が実は少なくないことに気がついた。若い層で特に目につくが、年配の人たちにもかなりいる。テレビの背後では事実をねじ曲げる人間が糸を引いていて、視聴者を騙している。そんなイメージが広がっているようだ。

それほど昨今のテレビ不信の声は喧《かまびす》しく、事実こうした言説がネットで広がっていくのもやむを得ないほどテレビの不祥事は続いている。

私自身の経歴は相当に異色だ。ローカル局に就職し、記者をやりつつドキュメンタリーも制作した。海外特派員を二度やった後、キー局に転籍。ドキュメンタリーの制作者に加えて情報番組の解説キャスターもやった。地方局もキー局も、海外も国内も、記者も制作者も出演者も、と経験した人間はほとんどいない。

そんな経験を通して、テレビの内側にいる様々な人間を見てきた。仕事命のモーレッツ人間もいれば、仕事はそこそこの私生活重視の人、組織での出世に貪欲なおじさん、正義感に燃える女性記者、小心者の若手制作者、社員もいれば派遣スタッフ、経営者、中間管理職、末端の記者やディレクター、プロデューサーもいる。この社会と同様にいろいろな人々の力関係が入り組み、日々の放送が送り出されている。

そんななかで、そもそも何のためにこの仕事をしているのか。今、現場でそれが見失われている気がしてならない。

記者会見ではほとんど質問を発せず、黙々とパソコンに向かい、もっぱら質疑のやりとりをテキスト化したメモを作成することに終始する記者たち。

大震災後の被災地や原発事故による放射能汚染の問題について、政治や行政、電力会社を取材しながら、被災や汚染の現場で当事者の話を聞くこともなく原稿を書く記者やテレビ制作者たち。

現場での取材意欲があってもひたすらビルの中に閉じ込もり、原稿作成や映像編集などの作業に追われて余裕のない記者たち。

彼らは現場に行かないがゆえに、時に当事者の哀しみや怒りなどの「痛み」に鈍感な感性を身にまとうようになっていく。その傾向は顕著になる一方だ。

こうしたテレビの劣化を引き起こす空気が現場で広がりつつある一方で、中にいる多くの人間たちは国民を楽しませる娯楽を送り出し、社会で起きていることをきちんと報道することに毎日毎日、一生懸命に汗を流している。

テレビ番組は、ディレクターやプロデューサーだけでなく、カメラの人、編集の人、音響効果の人、アナウンサーなどいろいろな「プロの職人」がかかわる総合芸術だ。現場を支配するのは一種の「お祭り」のような雰囲気である。勝った、負けた、他局にはない映像があった、情報面で他局にはない独自情報を報道できた――。

良い悪いは別にして、テレビの内側は毎日がそうした真剣勝負であり、競争原理が働き続ける。私も長い間この中で働いてみて、このお祭り的なノリやいつも躁状態の雰囲気は独特だと感じられる。

　実はテレビほど大勢の人間たちが知恵を出し合い、時間と労力をかけて送り出しているメディアは珍しい。ドキュメンタリーなど、じっくり見ればこれほどタメになるものは他にない。

　先に述べた大学生のように、一面的にテレビを見ていたら、あなたの精神はネット上に溢れる俗説に毒されてしまう。それではテレビというメディアを活用していく上でも、あまりにもったいない。

　この本は、テレビの外側にいる人に「内側」について知ってもらうための通訳であることを意識して書いた。テレビで働く人々がなぜ捏造やミスをしてしまうのか。背景にはどんな事情があるのか。現場の事情や背景を理解しながら、情報の取捨選択にも役立ててもらえるような「テレビの見方」を示したい。

内側から見たテレビ　目次

第3章　テレビ局が陥ったやらせ・捏造の内幕

第1章
「その番組」があなたの思考力を奪う

2014年夏、日本という国にとって歴史的な大転換が行われた。集団的自衛権の行使を認めるという憲法の解釈変更の閣議決定である。戦後という一時代に区切りをつける大きな出来事であったにもかかわらず、この前後でテレビ各局が熱中して時間をさいて報道したのは、東京都議会の「セクハラ野次」と、公費の不明朗使用が発覚して記者会見で泣き出した兵庫県議会の「号泣議員」のニュースだった。

記者の質問に答えられず号泣する議員の面白映像は、ニュース番組や情報番組で繰り返し流された。その分、集団的自衛権についての報道はごくわずかとなり、申し訳程度に放送したニュース番組が相次いだ。

面白映像に飛びつき、そのニュースが本来持つ意味や重要性を意識せず、軽重を問わない。こんな事例が珍しくないほど、「本当に大事な問題」がテレビでは報じられない傾向が広がっている。そもそも本来テレビ報道は、われわれの知る権利に応えるジャーナリズムの一翼を担っている。にもかかわらず、今やその機能がどんどん衰えている。

こうしたテレビの劣化ともいえる現象は、時々テレビ局による事件や不祥事として出現する。そのたびにテレビ局はお詫びをして再発防止を誓う。でも、しばらくすると再び同じような不祥事が繰り返されてしまう。これはなぜなのだろう。

不祥事の背景には、テレビ局で働く人間の劣化が存在する。不祥事はそんな人間たちの機能不全がたまたま顔をのぞかせてしまった氷山の一角に過ぎない。目を凝らして日々放送されるテレビ番組を見つめてみると、テレビのほころびは加速をつけて広がっている。

なぜ「セシウムさん」事件が起きたのか

２０１１年に起きた東日本大震災を経て、私たちの生活上の安心感や住民同士の連帯感、政府や社会に対する信頼が崩れ落ちた。原発事故で政治や企業、専門家などの日本型システムの脆《もろ》さも露呈した。

そんななかテレビには何ができるのか。殺伐とした光景を変え、かすかな光を当てることができないのか。人間の温かみやつながりを取り戻せないのか。そんなことを真剣に考えているテレビ人は少なくない。

だが、そんな矢先にもテレビの信頼を失墜させる象徴的な事件が起きた。東海テレビの「セシウムさん」事件である。

それはたとえごく少数の人間であるにせよ、テレビで働く人間が、テレビカメラの向こうにいる人たちに対して、どんな「本音」を抱いているのかをストレートに示した稀有な出来事だった。その本音は偶然やミスが重なって、たまたま放送されてしまった。

事件は、２０１１年8月4日午前に放送された東海テレビの昼間のローカル情報番組『ぴーかんテレビ』の放送中に起きた。リハーサル用の仮テロップが誤って放送されてしまったのだ。仮テロップは、番組の終わりに視聴者プレゼントの当選者を発表するコーナーのリハーサル用であり、本来は放送されないはずのものだった。岩手県産米「ひとめぼれ」10キロを贈る当選者の名前の部分に「怪しいお米」「汚染されたお米」「セシウムさん」という悪ふざけの言葉が書かれていた。

経過は単純だった。テロップの制作者が「怪しいお米」「セシウムさん」などと書き込んだ仮テロップを作成した。しかしこれはあくまでリハーサル用で、実際の放送で当選者を発表するときには具体的な氏名が入る予定だった。仮テロップだとしても不謹慎だと感じた他のスタッフがテロップ制作者に注意したものの、修正されないままに放送に入った。

リハーサルは、番組で通販コーナーのVTRが流れている時間帯を使って、その裏でスタジオで行われていた。いつもならリハ用の仮テロップは放送用とは別のテロップラインに並べられるため放送されることはないが、その日はミスがあって放送用のテロップラインに並び、不慣れなタイムキーパーが送出してしまう。その結果、生放送に乗ってしまった。当初、放送事故が起きていることに誰も気づかず、テロップは23秒間も流れた。「セシウムさん」テロップの放送は、大震災の壊滅的な打撃に加えて原発事故による風評被害に苦しむ被災地の住民に対して、傷の上に塩を塗るような行為だといえた。放送後、1万件を超える抗議が東海テレビに寄せられ、JAグループなど農業団体を中心にCMの休止が相次いだ。ついには岩手県も東海テレビに対して抗議文書を送る事態に発展する。岩手県の達増《たっそ》拓也知事は「マスメディアはデマを沈静化する役割がある」のにと、放送を通じてデマを焚き付けてしまった東海テレビを厳しく批判した。

その後設置された検証委員会の報告書[*1]によると、問題の仮テロップは「50代の男性外部スタッフ」が作成したという。何度問いただしても彼は「ふざけた気持ち」「頭に浮かんだ言葉を書いた」という回答に終始していた。

「いい加減そんな電話、さっさと切れよ!」

検証報告書は、こうすればミスを防げたはずというチェック上の不備をいくつか

＊1「『ぴーかんテレビ』検証報告書」http://tokai-tv.com/press/pdf/2011/110830.pdf

指摘する一方で、当のテロップ制作者については「著しく社会常識に欠けている」という一言だけで片付けている。なぜ「ふざけた気持ち」が生まれたのか、日頃の彼の周囲でこうしたふざけた風潮がなかったのか、テロップ制作者に対する周囲のかかわり方や職場で被災地に対する意見の違いなどを議論していたのかといった「精神」の問題に関してはあまり細かく追及することなく、検証は終わっていた。

テロップ制作者を含む東海テレビの制作スタッフは、テレビ画面の向こう側の人たちに日頃どういう姿勢で向き合っていたのか、そしてどういう精神や姿勢で向き合うべきだったのか。その点が不明確な検証で終わっていたのが私には気になった。視聴者や取材相手に対して〝寄り添う精神〟は、ジャーナリストとして、報道機関の根幹の気構えでありながら、必ずしも職場では重視されてこなかったという思いがあったからだ。

問題は東海テレビに限った話ではなく、どこの局で起きてもおかしくはないという点だ。かつて私が北海道のテレビ局で駆け出しの記者だった頃、体調を崩して働けなくなり生活保護の申請窓口に行ったのに、申請用紙を渡されなかったシングルマザーが餓死するという事件があった。それをきっかけに道内ローカルのニュース番組で生活保護に関して体験談を募集したら、「私も同じような目にあった」など報道部に連日かかってくる電話は、大半が生活保護に関するものになった。多くは同じような母子家庭からの涙ながらの訴えで、受話器を握りしめることが1時間、2時間を超えることもよくあった。

最初はこんな実態があるのは許せないと報道部の記者が総出で電話受けをしていたが、次第に熱心にメモをとるのは私だけになってしまった。同様の話ばかりが多かったのと他の仕事にも支障が出てきたからだ。場所や状況が微妙に違っても通報の内容は似たりよったりである。つまり、報道する側から見れば「同じ話」なのだ。それでは新たなニュースにはならない。今にして思えばそれだけ生活保護における申請拒否という実態が深刻だったわけだが、記者の多くはそのうちに飽きたように離れてしまった。

そんななか記者の数が比較的少ない土曜日にも電話がかかってきた。生活苦にもかかわらず長距離電話をかけてきた女性は涙声だった。長時間、その話を聞いていた私に、十歳近く年上のデスクが大声を投げつけた。

「おい、いい加減そんな電話、さっさと切れよ！」

さらに数十分、相手の話を聞いてから受話器を置いた私は怒りを抑えきれずデスクにつかみかかった。

「そんな電話とは何だ。そんな電話とは。取り消せ」

けっして喧嘩早い方ではない私が先輩の胸ぐらをつかんでいた。視聴者との間で結ばれたか細い信頼の糸を踏みにじられたような思いがしたからだった。

遺体搬送の映像の前での「祝杯」

「体験談をお寄せください」。そう番組で告知したのはこちら側だ。向こうは自分のつらい境遇を知らせるためにわざわざ電話をかけている。それを「同じ話」だと感じるのは、新しい切り口でないとニュースで取り上げにくいという、テレビ局の側の勝手な言い分だ。

まさにテレビのご都合主義に思えた。「共感します」「寄り添います」と口にしながら、用事がすむともう見向きもしない。確かに、いつまで経っても止むことがない情報提供の電話というのは、記者の側に覚悟がないと聞き続けることはできない。私はそのデスクを睨《にら》みつけながら、テレビ報道という自らの仕事が本質的に持つ欺瞞《ぎまん》性を自覚した。

やはり北海道での記者時代、断崖を掘り抜いた国道トンネルが崩落して、トンネル内を走っていた路線バスや乗用車などの車両が乗客ごと押しつぶされる事故があった。断崖がさらに崩れる危険もあり、救出作業は難航する。上部の巨大岩盤を爆破してから警察や消防が入った。刻々と状況が変わる大事故でもあり、全国ネットの緊急特番が組まれ生放送した。

記者もアナウンサーもカメラスタッフも現地やスタジオから不眠不休で伝え続けた。私は札幌の局でニュースを取りまとめるデスクを担当していた。そして、最後に巻き込まれた20人全員が遺体で見つかったという情報が入り、数日間の特番が終わった。地元キャスターの親しみやすさもあって特番の視聴率はダントツだった。終了直後、報道担当の上役が大量の缶ビールを抱えて現れた。フロアにいた全員に配った。

「よくやった。おかげで視聴率は圧勝だ。おめでとう！　乾杯だ！」

テレビモニターにはまだ犠牲者の遺体搬送の映像が続々と流れていた。命を失った人たちが多数存在する大事故に、なぜ「おめでとう」なのか、なぜ「乾杯」なのか。不眠不休で数日間働いたスタッフをねぎらう気持ちがあっての缶ビールだということは頭では理解したが、やはり違和感と罪悪感でいっぱいだった。

私たちの取材を受けた犠牲者の遺族らがこの場面を見たら、とても許さなかったろう。放送では相手に寄り添うふりをしつつ、本音の部分では内向きの論理で動く。そんな二面性を心に刻んだ。

「セシウムさん」のニュースを知ったとき、真っ先に思い出したのがこれらの光景だった。

画面の向こう側の悲劇を私たちは本音でどこまで「わがこと」と受け止めているのか、その根っこは同じである。

不幸を伝えることのジレンマ

私たちはニュースや情報番組で、苦しみの淵にいる人たちの境遇を頻繁に伝えている。最近なら東日本大震災や原発事故の被災者の問題だ。現場でレポートする記者たちは、声を失ってしまうほど圧倒的な理不尽に立ちすくみ、何を伝えるべきか、被災した人たちにどう声をかけるべきなのか、悩みながら取材している。できるだけ寄り添う形の報道を自分なりにできないか突きつめて考える記者も多い。

しかし「セシウムさん」事件は、ニュースを伝える側の人間たちが懸命に示そうとしている共感や同情、覚悟に対して、視聴者が強い疑念を抱く結果をもたらした。しょせん、うわべだけでないのか。しょせん、「飯のタネ」と考える二面性があるのではないのか、と。

そもそも報道＝ジャーナリズムの仕事はテレビに限らず、他人の「不幸」の現場を撮影し、話を聞き、伝えるケースが多い。

だからこそ、仕事にかかわる人間たちは、その都度その都度、相手とどう向き合うのかが問われる。他人事とせず、わがことと受けとめて取材し、一人の親や一人の子どもとして、同じ人間として、不幸の底にある人たちの思いを共有する。そして、世間から忘れられないように報道を続ける責任を自覚する。そうした自覚は、現場の記者やカメラマンならば被害者らと直接向き合ううちに芽生えてくる機会も少なくない。しかし、今回のテロップ制作者のように、現場を直接取材しないものの広い意味でのジャーナリズムに関与する職種の人まで、どのようにして意識を共有してもらうか、となると実際には難しい。個々人の感受性や問題意識にはどうしても差があるからだ。

テロップ制作者は、現場との距離が離れているため、テレビの欺瞞性・二面性の「本音」が現れやすかったと考えられる。それが「セシウムさん」事件の本質だったのだろう。「セシウムさん」事件が残した教訓は、つきつめると放送にかかわるすべての職種の人間にジャーナリストとしての自覚がどこまであったのか、という「精神」「心」の問題に行きあたることになる。

時代を映し出す鏡

私自身はかつて記者としてニュース取材をしながら、短い放送枠では伝えることができない問題をテレビドキュメンタリーにしてきた。前述した生活保護の問題が最初の仕事で、北海道のテレビ局時代にローカルニュースの取材で集めた体験談をもとに国の生活保護行政がどう変質していったかを『NNNドキュメント』で全国放送したのが最初のドキュメンタリーになった（「母さんが死んだ——生活保護の周辺」1987年、札幌テレビ）。

『NNNドキュメント』は、1970年に始まった日本テレビ系列のドキュメンタリー枠だ。制作するのはキー局の日本テレビばかりでなく、系列の地方局も担当し、持ち回りというより企画次第となる。日曜夜の深夜の放送枠だ（2014年8月現在、日曜深夜0時50分から30分枠。年間10本ほど55分の拡大枠がある）。

『NHKスペシャル』に代表されるテレビドキュメンタリーは、ニュースなどの短い時間では説明しきれない社会の複雑な問題や人間の生き様、あるいは未知の自然や芸術やスポーツなどの奥深さなどを長い時間をかけて映像で伝えるジャンルだ。

社会の底で蠢《うごめ》く、見えにくい問題を可視化させる〝社会派〟と言われるドキュメンタリーもある。あるいは、現代社会で起きている政治や経済、環境などの個々の問題を全地球規模でダイナミックに捉えるもの、歴史という観点から現在の物事の捉え方を私たちに考えさせてくれるもの、地域や普通の人間たちの暮らしにこだわって、そこから見える社会や時代を切り取るもの、素晴らしい生き方をしている人間を紹介する人物もの、自然や文化的な遺産の貴重さを伝えるものもある。

ドキュメンタリーを見ている人は、その場にいなくても、まるで自分がそこにいるかのように、取材対象の人物にその場で出会っているかのように「疑似体験」できる。

ドキュメンタリーではごく例外的な場合を除いて、取材や撮影にも時間をかける場合が多い。より本質的な問題を、より本格的に伝える、という意識が制作者にも強い。取材者や制作者自身にとっては問題意識や覚悟、執念などが投影されるジャンルだと言ってよい。

どんなドキュメンタリーにも、その時代や社会が映し出される。時代を記録する国民の財産でもある。ドキュメンタリーは「時代を映し出す鏡」とされ、制作者も「時代を追う狩人」などと評される。

ドキュメンタリーの現場で見たもの

私自身が制作したドキュメンタリーは日本社会の貧困にかかわる問題を扱ったものが多く、その他に過疎地の病院など医療、労働、農薬による環境汚染、教育現場での多文化共生、原発の問題などをテーマにした。どちらかというと社会的な問題について「調査報道」で視聴者に提示するものが多かった。調査報道とは、役所などの記者クラブで発表される情報をそのまま報道する（発表報道と呼ばれる）のではなく、当事者の証言や過去の文書など独自に見つけた断片から取材を積み上げていって、全体的な構図を暴き出す、という報道のスタイルだ。

発端は、シングルマザーの餓死、あるいは、ネットカフェで寝起きする若者の急増などミクロな出来事でも、調べていくとその背景には国レベルの政策や社会構造の変化というマクロな問題に行き当たる、というような形でドキュメンタリーにしていった。

ミクロからマクロへ、という流れの取材は、もともとは地方テレビ局が振り出しだったという私の経歴と関連するかもしれない。地方局である札幌テレビでは、ローカルニュースで見つけたテーマについてキャンペーン報道をやりながら取材を深めていき、ある程度映像素材が集まったらドキュメンタリーとして取材の成果を集大成して放送するというパターンを繰り返した。

たとえば、90年代には「准看護師のお礼奉公《ぼうこう》」という問題を取材した。看護の世界には看護師と准看護師の差別がある。「准」の一字がつくだけで資格を取得した後も簡単には医療機関を辞められない「お礼奉公」という習慣が存在する理不尽について、体験談を募集しながら報道を繰り返した。

准看護師学校では「働きながら学ぶ」のが基本で、学生は地域の医師会関連の医療機関で看護助手として働くことになる。多くは医療機関に住み込みの寮付きだった。就学期間の2年間、授業料や寮費などが奨学金として貸し付けられ、卒業時には100万円、200万円という単位で債務になっている。卒業して3年間など、決められた年限をその医療機関で働けば返済免除になるが、途中で辞める場合には「一度に返済しろ」と求められる。この年限も、返済額も医療機関ごとに恣意的に決められているケースも多かった。これが「お礼奉公」と呼ばれていた。准看の学生は一人で宿直勤務をさせられることもあり、まだ無資格者でありながら注射や点滴などの医療行為をさせられていたケースも多数見つかった。それを苦痛に感じて精神を病んだ准看学生が後に自殺したケース、元准看学生が患者に間違って牛乳を点滴して罪に問われたケースも見つかった。

准看護師の制度は、「資格を取る前の学生のうちから資格を取った後まで同じ医療機関で長く働かせることができる仕組み」だった。そんな制度が、戦後の看護職員不足を解消するために医師会が自らに都合良く作ったシステムとして全国に広がっていたのである。4年がかりでローカルニュースでキャンペーン報道し、その成果を97年に『NNNドキュメント』で全国放送した（「天使の矛盾――さまよえる准看護婦」1997年、札幌テレビ）。この報道キャンペーンやドキュメンタリーは大きな反響があり、当時の厚生省（現厚生労働省）の政策決定にも影響を与えた。

日本テレビに移ってからも、この『NNNドキュメント』という比較的「地方・地域の視点」で社会を見つめるというコンセプトのドキュメンタリー番組を担当した。この番組は、同じくドキュメンタリーと言っても、豊富な予算で優秀な人材が多数かかわる『NHKスペシャル』などとは違って低予算である。大工場と比較したら中小零細の家内制手工業というイメージだ。そのかわり、制作者個人の「こだわり」を反映できる。自分が問題だと感じたテーマについて比較的長く取材できるため、私自身はジャーナリストとしての問題意識にしたがってこの番組に向けてテーマを探して歩いた。

ドキュメンタリーは映像表現だ。それゆえに見ている側にとって、分かりやすく、感情移入しやすいことが望ましい。もちろん、撮影も計画を立てながら番組を制作するので、こういうシーンがあれば理想的だな、と事前に頭のなかでシーンを組み立てて取材することもある。もちろん、これは間違った手法ではないが、昨今こうした作り手が頭のなかで組み立てた物語が先行した大きな事件が起こった。

なぜ佐村河内氏に騙されたのか？

２０１４年2月、テレビのニュースやドキュメンタリーで「耳の聞こえない天才作曲家」や「現代のベートーベン」などと紹介されてきたクラシック音楽の作曲家・佐村河内《さむらごうち》守氏にゴーストライターがいたことが発覚した。ゴーストライターを務めた作曲家・新垣《にいがき》隆氏が「これ以上世間や子どもたちを騙すことに耐えられない」と告白したのだ。佐村河内氏は自らを全聾《ぜんろう》だとし、聴覚障害者として一番重い障害２級の障害者手帳を所持していたが、多少は聞こえていたことも判明する。

音のない世界で絶対音感を駆使し、苦悩の末に曲を絞り出し、絶望的な苦悩を知る天才作曲家が震災の被災者や広島の被爆者らに共感して曲を産み出す、としてきたテレビ番組の数々の場面が、ほとんど演技によるものだったことを本人が記者会見して白状した。佐村河内氏は記者会見で「すべて自分のせい」で「制作者たちを騙してきた」という表現をした。「(自分による)過剰演出だった」「制作者は悪くない」とも説明した。

佐村河内氏が登場したのは『NHKスペシャル　魂の旋律──音を失った作曲家』(2013年3月31日放送)を筆頭に『情報LIVE　ただイマ!』『あさイチ』『ニュースウオッチ9』などNHKの番組群と、民放ではフジ『めざましテレビ』、TBS『中居正広の金曜日のスマたちへ』『NEWS23』、日テレ『news every.』、テレ朝『ワイド!スクランブル』、テレビ新広島『いま、ヒロシマが聴こえる…』などの番組群だ。

どの番組もその才能を激賞し、障害を背負った人間ゆえの共感力で、被爆者や大震災の遺族、障害を抱える人たちなどと「魂の交流」を実現するという物語を放送し、「サムラゴウチ神話」に加担した。

肝心のシーンを撮影せずに放送

『NHKスペシャル』では、取材スタッフは佐村河内氏が「曲」を産み出す瞬間を撮影しようとしたものの、けっきょくは記譜するシーンの撮影を断られたという説明がナレーシヨンで入って、曲が生まれる瞬間そのものは撮影されていない。

佐村河内氏による一連の虚偽を暴いた『週刊文春』（2014年2月13日号）の記事によると、『NHKスペシャル』の取材班がずっと佐村河内氏を密着取材していたが、取材スタッフが気づかない間にゴーストライターの新垣氏が書いた新譜が宅配便で密かに届けられ、テレビカメラの前に新譜が披露されたという。結果としてNHKの取材班は肝心の作曲の瞬間、曲を譜面に書くシーンを撮影せずに引き下がった。果たしてそのままドキュメンタリーとして放送して良かったのかは疑問が残る。

作曲家のドキュメンタリーで、作曲の場面はいわば番組の核心であり、一番のキモになる場面だ。そのキモが撮れていなければ、番組の放送を見送るという判断も出てくるはずである。キモを撮影しないで取材を終えながら、なぜ放送するという決定が下されたのか、そこが、最大のポイントである。

キモが撮れていなければドキュメンタリーとして成立しないので放送すべきではなかった、というのが私の意見だ。ベテランのドキュメンタリー制作者に何人か聞いてみたが私と同じ意見の人が少なからずいた。他方で、芸術家の中にはそうした産みの苦しみの瞬間に何人といえども立ち入りを許さない人もいるので、キモのシーンが撮れなかったら即刻放送できないと判断するのが必ずしも正しいとは限らないという意見の持ち主もいる。

「感動物語」という罠

ＮＨＫの番組のなかでも事前チェックがもっとも厳しいと言われる『ＮＨＫスペシャル』は、放送にこぎつけるまでの試写が何十回もある。民放の報道番組の試写がせいぜい数回なのと比べると、そのハードルの高さは群を抜く。チェックの厳しさでは間違いなく日本で一番だろう。そんな厳しい番組チェックでも佐村河内氏の嘘を見抜けなかったのはなぜだろうか。

テレビの制作者は、自分が抱えて継続的に取材しているネタや対象人物、素材を、より大型の番組・より社会の評価が高い貴重な番組で放送し、より重大な社会問題・より視聴者に訴えるべき問題などとして扱ってもらいたいという願望を誰もが抱いている。より高い付加価値をつけようとするのが仕事上・業務上の習い性でもある。より権威のある良い番組枠で、多くの人に見てもらえる放送時間で、もっと長い放送時間で、と。

背景にあるこうした欲求が、佐村河内氏に関して「ひょっとしたら偽物かもしれない」という疑問の目を曇らせてしまったように感じる。

さらに、「障害を持つ天才が苦しみを背負う人々を音楽で癒す」というストーリーが、テレビにとって理想の「感動物語」だったことも、目の曇りに拍車をかけた。

テレビは物語があると分かりやすく、感情移入しやすい。ニュースでさえ、いろいろな場面で物語で表現すると伝えやすいので、それを挿入して編集するケースが多い。たとえば中学入試や大学入試、あるいは就職試験のニュースだ。

その実態を紹介する場合に、そうした試験がありました、何万人が受験しました、前年よりも少し広き門になりました、などと伝えるだけでは視聴者の興味を惹きつけられない。主人公を設定し、その人物の体験や奮闘ぶりを交えて、合否がどうなるかという結末まで見据えながら、一種の物語として情報を伝えていく方法がテレビの常套手段だ。多くの場合は主人公が一生懸命に努力する姿を紹介し、その果てに（たいていは）成功する仕立ての物語とセットになっている。

あるいはスポーツニュースに多いが、何か秘話とセットにして、家族や友人、恩師のために活躍を誓った選手が大会の本番で奮闘する物語が描かれるのは、もはやテレビにとっては定番の作法だといっていい。主人公が出てきて、その人の目線の物語として見せた方がよりスリリングに試験や試合などを描けるし、見る側も親近感を持って見やすくなるからだ。

こうした手法が波及しすぎて、単純な情報を伝えるニュース番組や問題のありかをじっくり伝えるドキュメンタリーにさえも安易な「物語」を登場させる、そんな風潮がテレビの制作現場には広がっている。

プラス面ばかり伝える放送は危ない

2000年代後半、生活に困窮して事実上のホームレスになった人たちを可視化させるために私が制作したドキュメンタリーのシリーズに「ネットカフェ難民」がある。違う特番で同じ問題を特集することになった際に「登場人物のその後の『物語』が見たい」という声が上がったことがある。それほどテレビの制作者は何かと物語にしたがるのだ。

私が若い頃、先輩のディレクターに「いい話」や「美談」をそのまま肯定的に伝えても二流三流の作品にしかならないと教えられたことがある。「いい話に惑わされるな」というのはドキュメンタリーの制作現場で先輩が若手に教える戒めのひとつだ。いい話などの感動的な物語は、どんなに自分が入れこんでも、「プラス面ばかりで描いてはいけない」という教えだった。

どんなに素晴らしい主人公でも葛藤があり、人間的にダメなところや弱いところもある。「プラス面ばかり」で描いてしまうと、結果的に嘘っぽい、表面的な作品になってしまう。その人物の「マイナス」部分、欠点や悩み、苦しみもちゃんと描いてこそ、初めて人物の輪郭が描ける。だから、「マイナス面もちゃんと描け。たとえ見当たらなくても、探し出して描け。そうでないと結果的にプラスの面も伝わらない」、先輩たちはそう教えてくれた。

「マイナス面」をきちんと伝えられないと、結果的にその人物の魅力や功績が視聴者に伝わらず、取材に応じてくれた相手にも失礼な結果になってしまう。

これは、制作者が取材対象を盲信し、崇《あが》めてしまうスタンスになると、ロクな作品にならない、というニュースやドキュメンタリーの制作者たちの経験則だ。新興宗教の教祖様のように取材相手を持ち上げたら作品は失敗する。

取材経験の少ない、比較的若い制作者は一般的に、相手を盲信し、崇めるような作品づくりをしてしまいがちだ。私も若い頃、出会って感銘を受けた障害者運動の活動家や無農薬で米作りをする農家、子どもとのふれあいに熱心な教師など、惚れ込んだ人物のドキュメントを制作したことがある。

ところが不思議なことに自分が相手に感銘を受けて「素晴らしい人物」だと惚れ込めば惚れ込むほど、駄作になってしまった。編集でも相手の台詞《せりふ》の「素敵なところ」「カッコいいところ」ばかり集めてつないでしまう。人物を崇めてしまって、視野の広がりを持たない単眼的なものになってしまうのだ。そうした作品はしかし、相手に惚れ込んでしまっている（自分のような）信者から見れば満足できても、その相手に必ずしも惚れ込んでいない人から見れば「気持ち悪い」「押しつけがましい」ものとしてしか映らない。作品として他の人間も共感してくれるような普遍性を持たないからだ。

こうした経験を通じて、どんな人物を扱うにしても、制作者自身がその人の「信者」になってはいけないと強く思うようになった。言い方を変えるならば、取材相手とはきちんと距離を保つことが作品づくりでも大事だということだ。

「全聾の天才作曲家」とされた佐村河内守氏のドキュメンタリー制作では、制作者と取材対象者との距離や向き合い方はどうだったのだろうか。『NHKスペシャル　魂の旋律——音を失った作曲家』には佐村河内氏のマイナス部分は出てこない。かろうじて出てきた「苦悩するシーン」もすべて本人自身の語りで説明されていて、取材者側が発見したものがない。しかも苦悩でさえも演技だったことが後で判明する。人間としてのスキがなく、弱さも見ることはできない。今にして思えば、すべてご立派すぎるように思える。

後付けの理屈といわれるかもしれないが、制作者が、本人の「マイナス」の場面、とりわけ作曲で苦悩して曲を生み出す場面の撮影を放棄したことは、実はドキュメンタリーの制作においても致命的な欠陥につながったと思う。

ドキュメンタリー制作にかかわってきた人間として、自戒を込めて、そう感じる。

持ち上げて落とすマスコミ報道

マスコミの報道により、頂点から一転してどん底に突き落とされる出来事が、近年相次いでいる。ノーベル賞級の世紀の大発見から一転して不正疑惑という道をたどることになったのが、理化学研究所のユニットリーダー小保方《おぼかた》晴子さんだった。万能細胞の一種であるSTAP細胞を生み出したと発表する論文が世界的な科学雑誌『ネイチャー』に掲載された後に「改竄《かいざん》」「コピペ」「画像流用」などの疑惑が浮上する。論文撤回と共同執筆者の自殺という事態にまで追いやられた。

疑問符をつけられるわずか1カ月あまり前に万能細胞としてSTAP細胞が発表されたときに、小保方さんは「リケジョのエース」として大々的に報道された。研究所にある彼女の私物がピンクで統一されている映像や彼女が「おばあちゃんのかっぽう着姿」で実験する映像や写真がテレビや新聞などで流された。

科学的な論文も、先のクラシック音楽も、ふだんは広く雑多な取材に明け暮れている一般の記者たちからすれば「中身はよく分からない」というのが実態だ。本当にすごいのかどうかを判断できる専門的な記者はごく一握りなのである。また、一般の視聴者や読者の側も中身を詳しく聞いてもよく分からないというのが本音だろう。

その結果、根幹にかかわる内容を伝えるよりも本人の「いい話」を詳しく報道することに終始したのが、テレビをはじめとした多くのマスコミだった。

「現代のベートーベン」が広島を訪れて被爆者と交流し、大津波で母親を失った少女と交流する美談を演出して同行取材したり、あるいは、STAP細胞発見の続報として「リケジョたちの理想の男性は?」とか「かっぽう着が小保方人気で品切れ続出」などの企画を放送・紙面に掲載したりした。

どちらも、報道すべき本質的な部分をおろそかにし、「分かりやすい物語」というサイドに流れてしまったことで、本質から目を背ける報道に徹してしまった。

にもかかわらず、嘘や不正が発覚すると、裏切られたとばかりに感情的で攻撃的な姿勢に一変するメディアもあった。作り上げられた話に乗せられただけでなく、本質部分への検証を怠ってきたマスコミは、一連の騒動の連帯責任があるといっても過言ではない。

佐村河内氏と小保方さんをめぐる一連の報道から私たちが考えるべき教訓は、「いい物語を信用してはいけない」ということだ。それが、どこかで事実への検証の甘さにつながり、中身そのものへの意識を鈍らせていく。

感動を欲する取材者や制作者たちの薄っぺらさは、私たち視聴者の薄っぺらさとも紙一重でもある。

イギリス、ドイツなど私が10年近く駐在したヨーロッパでは、政治や社会問題を議論する番組が多く、ドキュメンタリーでも「知識人」と呼ばれる人たちの専門家インタビューが多かった。現在、日本で放送されている番組からすれば分かりにくい、小難しいものだ。だが、何でも議論の末に物事を決めていくヨーロッパ的な民主主義のありようがそこには投影されていた。ドキュメンタリーがプライムタイムに放送され、主要な番組として位置づけられていた。

そうした国民性やそれぞれの国の民主主義の成熟度とテレビとの関係は、鶏が先か卵が先かという問題に似ている。良い悪いは別にして、今私たち日本人が見ているテレビ番組は、総じて日本人の国民性に見合ったものでしかない。

テレビに騙されないためのアドバイス

ここでテレビを見る側に簡単なアドバイスをしよう。ドキュメンタリーはもちろん、ニュースなどの報道番組や情報番組に以下の要素があったら気をつけた方がいい。ドキュメンタリーと言いながら興味本位の底が浅い番組も少なくない。誇張や嘘があるかも、と眉につばをつけて疑いながら見るくらいでちょうどいい。テレビのプロが見分ける方法はいくつかある。

・主人公を美化するばかりで批判的な視点がない
・いかにも安手の再現ドラマが登場する
・物語、特に美談や昔の苦労話ばかりである
・おどろおどろしい音楽やいかにも感動を盛り上げようとする音楽がかかる
・ナレーションが多くて見ている側に考える余裕を与えない
・ナレーションで「愛」「絆」「真実」などの使い古された胡散臭い美辞麗句を連発する

・「そこで彼が見たものは驚くべきものだった！」というような盛り上げ調のナレーションがある
・「～の日々を見つめました」「～この人物から目が離せない」「～を教えてくれました」などのありふれた言い回しのナレーションが多い
・大きくて色つきの派手な字幕スーパーがある
・人物のキャラクターが重視され、背景にある社会問題などは伝えられない

これらの要素がある場合、バラエティならばともかく、まっとうな情報番組や報道番組ではないと判断して間違いない。なぜなら、きちんと事実と向き合っている制作者は取材相手に誠実だし、表現も繊細でより適切な言い回しを求めて努力を惜しまないのが普通だからだ。

まっとうな作り手ならば、派手な字幕や音楽、盛り上げ調のナレーション、ありふれた表現などは、取材させてもらった相手に失礼だという感覚が働く。誠実な制作者ほど、ナレーションの言葉や音楽、字幕などの細部にも気を使い、表現を吟味し、作品の品格を最大限保とうとする。いかにも、というようなありがちな表現、言い方を変えるならば「品

がない」「安っぽい」表現や決まり文句は避けようとする。バラエティでさえもそうだ。できるだけ心の底で感じたニュアンスや作品にふさわしい本質的な表現を導き出そうとするものだ。どこかで聞いたような使い古された言い回しをして平気な神経の制作者が作る作品はやはりずさんなものが多い。だから、プロの作り手ならば一部を見ただけでも、だいたいの中身は分かる。

事実が映し出す深さ

私自身様々な経験を経て、「事実」はこちらの頭のなかで作り上げるものよりずっと深いものだ、という気持ちが強い。「事実が深い」という言い方は取材行為の経験がない人にはやや分かりにくいかもしれない。現場で先入観なく取材していると、予め頭で考えていた以上の出来事に出会って撮影してしまうことがあるのだ。

例として「ネットカフェ難民――漂流する貧困者たち」(『NNNドキュメント』2007年、日本テレビ)のラスト近くのシーンを紹介する。18歳の女性ネットカフェ難民のヒトミさん(仮名)が、明日の派遣仕事を探す電話を日雇い派遣会社にかけた後に手に握り締めていた手帳が気になったので、書いてある内容を見せてもらった。そこには「我慢する」「強くなる」の文字があった。

仕事や眠る場所が毎日異なる不安定な生活の連続で精神的にもおかしくなりそうななか、彼女は自分の気持ちを鼓舞する言葉を書き連ねていたのだ。「もうこれ以上、落ちて落ちてにならないように」と本人は説明していた。

事実は、時にこうして想定以上のドラマを見せてくれる。そうした事実が見せてくれるドラマを拾い集めていくのがドキュメンタリーの醍醐味だと感じる。数多くのルポを書き残したジャーナリストの故・斎藤茂男も『事実が「私」を鍛える』という著書で、事実というドラマが見せてくれる断片の奥深さを記している。事実は自分が思っていたものとは違い、常に想定は裏切られる。取材はその繰り返しだという。

同様の声を聞いたのは、『聞こえるよ母さんの声が…原爆の子・百合子』（1979年、山口放送）という名作ドキュメンタリーを上映するイベント会場だった。芸術祭大賞にも輝いたテレビドキュメンタリーの名作で、母親の胎内で被爆して原爆小頭症になった畠中百合子さん（放送時33歳）とその両親の生活を追った作品だ。

岩国基地のそばの借家で理容店を営む父、被爆の後遺症で病に苦しむ母と一緒に暮らす百合子さんの知能は2歳半程度だった。日常生活も介助者がいないと送ることができない。

母親の敬恵《よしえ》さんは、いつも百合子さんの身の回りの世話をし、「あの子を残しては死ねない」というのが口癖だった。

胎内にいた娘の百合子さんが原爆症と診断されても、その瞬間、原爆の直撃を受けた敬恵さんは原爆症と認定されないままにガンに蝕まれ、全身の骨が骨折し、苦しみながら死んでいく。作品は、そんな敬恵さんの苦しみの日々をありのまま撮影している。

制作したディレクターである磯野恭子《やすこ》さんは現在80歳だ。山口放送のディレクターからテレビ制作部長、常務取締役などを経て退職し、岩国市教育長を経て、現在は山口県内のNPO法人の代表を務めている。2014年春に東京で行われた上映イベントでもご本人が登壇して取材当時のことを話してくれ、聞き役は私が務めた。

歴史的な傑作場面を撮影できた理由

『聞こえるよ母さんの声が…』で圧巻だった場面は、敬恵さんがみるみる痩せていって死んでいった後、ふだんほとんど言葉を話さない百合子さんが母親の写真を指して「行こか」と父親に声をかけ、母親の墓参りへと促すシーンだった。

そして墓参りの場面で、なんと百合子さんは母親の墓石に耳をつけて母の声を聞きとろうとしたのである。原爆症に苦しんだ母親の死とそれを理解できないでいる胎内被爆による原爆小頭症の百合子さん。何度も墓石に耳を近づける彼女の姿は、あまりに悲しい光景だった。このシーンは、日本のドキュメンタリーとしては歴史的な傑作場面と言ってもよい。

母親を失った百合子さんの孤独や悲しみは、見る人間にこの人の将来を案じさせ、いったい誰の責任なのだろうと問わずにはいられない。

「どういう経緯でこの場面を撮影できたのか」と磯野恭子さんに尋ねたところ、「まったくの偶然で予想外だった」という。当事者の思いに寄り添ってずっと撮影を続けるうちに、制作者が想定していない出来事が起きるのだとも語った。

主人公が突然、想定していなかった行動を取ったり、事実に「裏切られる」としか言いようのない事態が出現したりする。私にとっては前述した「ネットカフェ難民」のヒトミさんが書き綴っていた手帳がこの「予想外」の出来事だった。こうした「事実に裏切られる」というとき、良いドキュメンタリー作品が生まれるという経験則を制作者の多くが実感している。

磯野さんが百合子さんの取材中に直面したのは、まさにこの事実の裏切りだった。2歳半程度の知能で、ほとんど言葉らしい言葉を口にすることさえできない百合子さんが墓石に耳を当てて母親の声を聞き取ろうとしていた。その場にいた制作者の誰もが予想できない展開だった。

磯野さんは、この作品の後も数々の名作ドキュメンタリーを制作しているが、その数十年に及んだ取材者経験でもこれほど神懸かりで想定外のドラマは珍しいという。

誰かに何かを振る舞わせたり、作為によって可能になるのではなく、相手の日常を撮る、という姿勢を続けることが大事だと磯野さんは自分の経験を若い制作者たちに話し続けた。

「その瞬間を逃さずに撮る。ドキュメンタリーは社会の鏡。戦争や原爆などによって翻弄された人としての哀しみ。国の理不尽への怒りなど何を映し出すか。社会がどうなっているのか、どうなっていくのか、という視点がないとドキュメンタリーとは言えない」

そう言って磯野さんは、テレビがセンセーショナルに扱った「聴覚障害の天才作曲家」佐村河内守氏の事例を挙げた。

「今のテレビは何でもドラマチックに撮ろうとする。そこに作為が入る。だが、大事なのはドラマチックであることよりも、番組がその時代の何を撮るのかという視点。それがなければ薄っぺらいものになってしまう」

単純な物語を疑う目を持て

私自身も長い間ドキュメンタリー番組を実際に作っていて感じたことだが、テレビで伝えられることはこの世の中に無数に存在する現実の断片のうちの、ほんのわずかな一部分でしかない。それでも時間を費やして、それこそ狩人のようにして拾い集めた断片のひとつひとつがテーマの本質を映し出す。百合子さんが墓石に耳を当てるシーンの意味が、見る人によって異なるように、そうしたキモの場面はけっして分かりやすくはない。その意味を考えることがテーマ全体を考え続けることにもつながる。

磯野さんは80歳になった今も「あのシーンの意味は何だったのだろう」と考えることがあるという。私自身も「ヒトミさんの手帳の意味」を今でも考え続けている。そこには分かりやすい説明を拒絶する事実の存在が厳然とある。

だが、そこには一人ひとりの物語に収斂《しゅうれん》させてはいけない「大きな物語」がある。大きな物語とは、社会の変化や過去の歴史、政治、貧困や国際的な経済の潮流、メディアの変遷など、本質的な部分にかかわる構造的な流れのことだ。

ドキュメンタリーはもちろん、優れた番組は見終わった後で、それぞれに意味を考えさせ、ひとつひとつの場面を噛みしめさせる。噛みしめた末の感じ方は同じ色ではない。受け取る側次第で多彩色でもある。

今のテレビは字幕も音楽もナレーションもたくさん挟み込まれ、視聴者に「ここは笑いどころ」「ここは泣きどころ」ということまで教えてくれるほど過保護だ。番組はテンポもあって面白い。知らないうちに感動し、何に感動したかさえすぐに忘れてしまうほどだ。

もう一度、その物語が「分かりやすすぎないか」「いい話ばかり集まっていないか」に注意し、もしそうだと思ったら、疑ってみた方がいい。なぜなら、単純な物語のテレビ番組はあなた自身の思考力も奪ってしまっているかもしれないのだから。

第2章

なぜ報道は大切なことを伝えないのか

「これでは国民が馬鹿になります」

一般の視聴者がこのジャンルだけは嘘がない、と信じて見ているのがニュースだろう。確かにどのテレビ局もニュース番組に関しては人一倍、間違いや偏りがないように気を使っている。

だが、あなたがふだん見ているニュース番組にも視聴者を劣化させる現象が進んでいる。元航空幕僚長の田母神《たもがみ》俊雄氏は、極右の論客で歯に衣着せぬ過激な言動で知られる人物だが、あるニュースにツイッターで噛み付いた。

今朝のNHKのトップニュースはサッカー本田選手のイタリアのミランでの活躍の様子でした。始めから12分間がそのニュースです。サッカーも人気が有るのかもしれないが、トップニュースで12分間もやることなのか。これでは国民が馬鹿になります（2014年1月13日）。

そのNHKニュースはそんなにひどかったのかと興味を抱き、録画していた番組を見てみた。田母神氏が問題にしたのは2014年1月13日、月曜だが「成人の日」で祭日のため多くの人にとって仕事が休みの日だ。朝7時から1時間の『おはよう日本』だった。

番組の冒頭から、ACミランに移籍して背番号10番をつけて試合に初出場した本田圭佑《けいすけ》選手の話題が12分間も続いた。試合の様子や現地ミラノの歓迎ぶりだけでなく、この日に合わせて本田選手の小学校時代の担任の先生までインタビューし、卒業文集を見せてもらうなどしていた。

ただ、田母神氏が指摘するように、ニュースの冒頭からサッカーの話を12分もやるべきことだろうか？　という受け止め方はもっともなものだろう。なぜ、天下のNHKの朝のニュースがこんな放送をしたかを想像してみると、この朝、NHKの判断としては本田選手のイタリアデビューに勝るような大きなニュースが存在しなかったからだといえる。

祭日のニュース番組や情報番組は、「祭日モード」になる。私自身も以前、民放テレビの解説キャスターをやっていた頃、スタイリストが用意してくれるスーツが、祭日には、ワイシャツがカラフルになったり、ネクタイなしになったり、平日以上に遊び心があふれていて驚いたことがある。当然、扱うニュースのネタも軟らかいものが中心になる。「だって祭日なんだから」「あんまり硬いものは、休みの日の朝から見たくないでしょ」。そんな会話で、祭日の番組のネタも決まっていった記憶がある。

民放だけのことかと思っていたら、最近はＮＨＫも同様らしい。田母神氏が怒った「冒頭から本田特集」にはこうした背景もあったのだ。

根底にある視聴率第一主義

今や民放だけでなくＮＨＫのニュースまで、軟らかい話ばかりで伝えるべきことをきちんと伝えていない。こんなことが最近のニュースのあちこちで起きている。

新聞の一面トップのニュースと同様に、番組の冒頭のニュースは、世の中で起きている事象の「一番重要」と思われることから順番に並べるのが報道のセオリーだった。忙しい視聴者の中には、番組の冒頭だけ見て、その日に世の中で起きている重要な出来事をチェックして、仕事にでかける人もいることだろう。

ところが、いつしかテレビ局はこうしたセオリーを守らなくなった。その理由は簡単で、視聴率を取るためである。ニュース番組の冒頭トップ項目は興味を惹き付けるものでないと視聴者は他のチャンネルに逃げていく。視聴率の数字が会社の収益にかかわってくる民放と仕組みが違う公共放送といえども、視聴率を意識していることに変わりはない。関係者に聞くと、NHKのニュース番組でも毎日、前日の放送の視聴率グラフをデスクが眺めて、どこで視聴率が上がったか下がったかで一喜一憂しているという。

では、『おはよう日本』は、本田特集の後はちゃんと「ニュースらしいニュース」を放送したのだろうか。

実はその後、安倍晋三氏がなにを発言した、という「首相の考え」を伝えるだけでニュースを構成していたのだ。これ以降の大きな報道は、浅田真央さん、高梨沙羅さんらソチ五輪の有望株について解説するものだった。

つまり、この朝のNHKニュースは、大きく分けると、ACミラン本田特集→安倍首相の発言特集→ソチ五輪特集と、特集づいた構成だったのだ。登場人物はスポーツ選手と安倍首相ばかりである。

同時間の一部の民放ニュースはタイの首都バンコクでの反政府運動がヤマ場になっていることなどをくわしく伝えていたが、NHKにはもっと伝えるべきニュースが他にあったはずである。

「顔出しレポート」にみるニュースの変化

このようにNHKのニュース番組でさえ民放化しているし、バラエティ化している。

この傾向が顕著になったのは、2006年4月に夜の大型ニュース番組『ニュースウオッチ9』が始まってからだ。この番組で初めてNHKのニュースのなかで、記者たちが歩きながら顔出しレポートをするようになった。放送されるニュース項目の順番もそれまでの政治などの重要なニュースがトップというセオリーを破って生活ネタ、芸能ネタ、スポーツネタがトップに来ることも珍しくなくなった。

NHKにおいても、ニュースが大事な問題かではなく、「視聴者が興味を持ってくれそうなネタか」という視点で並べられるようになったのだ。

この番組が始めた「記者の歩きながらの顔出しレポート」については、私自身もかなり前の80年代から民放でやっていた。どうしても平面的に見える画面で事件の現場などの臨場感を出すには、レポーター自身やカメラが動いた方が画面に躍動感も出る。視聴者も硬いニュースばかりでは飽きてしまうので、冒頭の「つかみ」などで工夫が必要だと感じて、特派員として全国放送に頻繁に登場していた日本テレビ系列内のニュースでは積極的に

「動く顔出しレポート」にこだわって映像的に工夫する伝え方を実践し、呼びかけてきた。系列局の記者向けに「記者レポート・ハンドブック」を書いたこともある。BBCなどのヨーロッパの一部記者のレポートや1985年から始まったテレビ朝日の『ニュースステーション』などでたまにそうした演出を見て触発されたように思う。

視聴率の毎分グラフでは、自分がかかわった特集やレポートで視聴率が上がったか下がったかは明確に分かる。もちろん視聴率はネタ次第で上下するが、「つかみ」を工夫したり、タイトルやVTR構成を工夫したものははっきりした形で数字が上がった。また、海外特派員を長くやっていると、現地の映像そのものは映像配信会社から購入したものが多く、どこで他の局と差をつけるかというと「記者の顔出し」くらいしか工夫のしようがない、という事情もあった。

現場で歩いてみたり、寝そべってみたり、食べてみたり、叫んでみたり、画面からフレームアウトしてみたり、レポートを開始してからカメラにズームアウトしたらビルの屋上などで話していることが分かるようにしてみたり、水島レポートは「映像的に見せる顔出し」でそれなりに定評があったと思う。

2000年を過ぎる頃には民放では「記者の顔出しレポート」を歩きながらすることは

もはや定番になっていた。だが、ＮＨＫはごく一部の記者をのぞいて、そうしたことをしなかった。カメラに向かって顔出しレポートすることをテレビ報道の世界では今も「立ちレポ」と呼ぶが、文字通りに「立ったまま動かない」立ちレポがＮＨＫでは基本だった。それを一変させたのが、前述の２００６年からの『ニュースウオッチ９』である。登場する記者たちの多くが動きをつけて顔出しレポートし、「ＮＨＫもついに民放と同じことをやり始めたのか」と衝撃を受けたことを覚えている。

内容もその前とは一変し、視聴者が興味を持ちそうなネタから番組が始まる。必ずしも「ニュースの重要性」による順番、というわけではなくなった。

進むＮＨＫの民放化

私自身はそれまで、大事なニュースはＮＨＫがしっかり報道してくれるから、民放にいる自分はそれ以外のところ、ＮＨＫがあまりやらない分野で報道しようと心がけてきた。タリバン政権崩壊後のアフガニスタンで、それまで禁じられてきた女子教育が出来るようになった少女たちの物語やフセイン政権崩壊後に広がった武器の路上取引の現状や、行き場を失ったフセイン銅像の行方を探るなど、ニュースのど真んなかではない「サイドの話」だが、興味深いと感じたテーマを次々に取材してはレポートしてきた。国際情勢におけるアフガン問題の行方など、本流のレポートはＮＨＫがしっかりやってくれるだろうから、棲み分けるように民放の自分がサイドに走る。そんな感覚だった。

ところが『ニュースウオッチ９』では、ＮＨＫがサイドに向かってきた。これでは日本の報道全体としてはプラスというよりもマイナスではないのか。そう感じたものだ。

少し前までは歩きながら顔出しレポートする民放の記者に冷ややかな視線を送り、「報道の王道は、文字通りの〝立ちレポ〟」と言わんばかりだったＮＨＫの記者たちが歩きながら顔出しレポートをするようになって、日本におけるニュース番組の「バラエティ化」が決定的になった。民放では90年代からニュース番組の枠が拡大したことでワイドショー化し、商品や食べ物、店情報、エンタメ、スポーツ情報などが入る作り方が一般的になった。今では夕方の民放ニュースで「行列のできるラーメン店」が特集されても誰も驚かない。

そんな傾向がＮＨＫをも浸食して、いつしか定時のストレートニュースを除いて、ＮＨＫのニュース番組でもバラエティ化が進行した。田母神氏が問題視した『おはよう日本』の変容はこの延長上にあったのだ。その制作現場では間違いなく、視聴率が強く意識されて項目の順番が決められている。

田母神氏が率直に「国民が馬鹿になります」と指摘した問題は、実はテレビニュースについて研究する私のような立場から見ても、テレビ報道の最近のあり方についてポイントを突いたものだった。NHKといえども民放と大差がない時代に突入している実態を反映していたのだ。

その「違和感」には必ず理由がある

「何かこのニュースおかしくないか？」。もしテレビを見ていてそんなことを感じたら、その違和感や直感はたいてい正しい。たとえ、すぐに言葉にすることはできなくても、何か「ひっかかり」があったら、自分の感覚を信じてみよう。

日々流されているニュースは見ている私たち自身が読み取る能力を持っていないと、間違った方向に情報操作されていく。情報操作というと、テレビ局には悪いヤツがいて情報操作を意図的に行っているというような陰謀論が世間では根強く流布《るふ》されるが、実際にテレビ局の内部にいた私の経験で言えば、そんな悪いヤツや意図はほとんどと言っていいほどどこにも存在しない。独裁者のいる北朝鮮ならいざ知らず、それほど単純にひとつの方向に流れるほど現代日本のテレビ報道の仕組みは単純ではない。

むしろ、なんとなくの自主規制やこっちの方が分かりやすいかもとか、インパクトあるかもなどと放送する側が演出を考えてニュース項目を取捨選択するうちに、意識せずに結果として情報操作になっているような報道がある。テレビ局の人間たちも意識していないので、余計にやっかいだ。でも、視聴者が注意していないとそのまま世間に間違った情報の印象が定着する恐れもある。

それを見過ごさないようにするには、日々放送されるニュースに対して違和感を抱いたら立ち止まってみて、その原因や背景を見抜くことが大切だ。

2014年5月1日の大型連休の最中、消費税が5パーセントから8パーセントに上がって1カ月経った、という報道を各社がやっていた。そのなかでも私が気になったのがNHKのニュースだ。

「自動車やデパートの業界では駆け込み需要の反動で売り上げが減少していますが、大手企業の多くは今のところ想定内だとしています。（中略）トヨタ自動車の車を扱う神奈川県の販売店では、4月の新規の契約が増税前の3カ月間の平均と比べておよそ20パーセント減少しました。しかし、販売の落ち込みは駆け込み需要の反動による一時的なものだと

して、今後、次第に回復に向かうとみています。（中略）

消費税率引き上げに伴って多くのデパートの売り上げが減少するなか、東京・銀座では売り上げが増加した店が出ています。三越銀座店は増税後の4月も売り上げが落ちず、逆に去年を1・1パーセント上回りました」（「消費増税1か月 反動は想定内か」『NHK NEWS WEB』、傍点は筆者）

消費の落ち込みについて「想定内」「一時的」「売り上げが増加」などの言葉が立て続けに出てくることに気がつくだろうか。このニュースはおそらく企業側が発表した数字をもとに原稿を書いたものだろう。

テレビ局の無自覚のセレブ感覚

さらに、もっと気になったのはこの夜の『ニュースウオッチ9』である。デパートや外食産業で高級志向などの新機軸を打ち出したところ、売り上げが落ちていない企業や逆に売り上げが伸びた企業があるというレポートをしていた。

若い女性キャスターがデパートで11万円の高級衣料品を買おうとする熟年女性に微笑みながらインタビューし、記者が取材した焼肉店では高級な〝せれぶメニュー〟に人気が集まっていて200グラムで2600円する特上和牛ロースを頬張る男性サラリーマンの姿を映し出していた。

私自身、ニュースで2600円のステーキを若いサラリーマンたちが頬張る姿を見せられて違和感を持った。不愉快でもあった。世間一般の企業に比べて高給をもらうNHK記者たちの金銭感覚なのかとも感じた。

おそらくふだんは大企業や経済団体、経済官庁などを取材しているNHK報道局内の経済部が主導したニュースだ。確かに店の側だけ、つまり業界の側を取材すれば、消費増税でそうした一面も見えてくるのかもしれない。だが、消費税が上がってから1カ月後にNHKの看板ニュース番組が報道する内容としてはあまりにも一面的すぎる。

増税について国会などで議論されていたとき、その影響で年金暮らしの高齢者やシングルマザーなどの生活弱者を追い込むことにつながらないのか、というやりとりもあった。もし、そうした生活への圧迫が顕著に見られるのであれば、社会不安や悲劇につながりかねない重要な報道のポイントだ。しかしそうした点での検証をまったくしていない。

つまり、このニュースには「社会全体への影響」を生活者の立場で見るという視点が完全に欠けていた。市民の生活や福祉、貧困、教育などを取材する社会部の目がなかったのだ。

消費増税前は「社会的弱者のところにしわ寄せが行くかどうか」も国会などでの議論のテーマだったはずである。しかしＮＨＫに限らないが、昨今のテレビ記者たちは激烈な競争を勝ち抜いてテレビ局に入社した、社会の「勝ち組」である。それゆえに無自覚に「上から目線」になりがちだ。庶民感覚がなく、当事者の痛みを理解できないケースも目につく。私が知っている例では、大震災直後の被災地取材でブランドものの派手な衣装を身につけて現地に出かけた民放キー局の女性記者が顰蹙《ひんしゅく》を買ったことがあった。

外に出たがらない記者たち

ふだんは被災した人など社会的弱者がいるような場所に顔を出そうとはせず、手を汚さない仕事、画面に出て目立つ仕事をしたがる傾向の人たちもいる。悲惨な体験で恨み言になりがちな当事者の声を聞くことに熱心ではなく、空調設備が整った快適な記者クラブでパソコン相手に終日過ごしているだけの記者が増えている印象だ。

生身の人間たちが生活する現場を歩くことをせず、社内にとどまる記者たちが目につくようになってきたのは、現場の取材者たちのサラリーマン化やパソコンやネットの普及とも無関係ではないだろう。

取材のしやすさから言えば、確かにデパートの取材などはその企業の広報に電話で頼めば数時間でアレンジしてもらえる。そんな経済部的な取材ばかりやっている記者からすれば、取材とは電話で問い合わせ、企業にアレンジしてもらった通りに撮影し、記者会見などで情報を取ることで終わりかもしれない。大きな企業は広報対応がきちんとしているところが多いから、連絡すれば短時間で撮影もインタビューにも協力してくれるだろう。

他方で、生活に困窮する人たちの生活ぶりを取材することは事前の交渉から数えるとものすごく手間と時間がかかる。電話でホイというわけにはいかないのが常だ。庶民、それも生活に苦しい人ほど、自分の境遇をさらけ出すことには抵抗があるため、取材しにくいし、撮影させてもらうのは大変だ。電話1本では済まず、相手の元に出向いて説得して自分を信用してもらう過程も必要になってくる。

安直に取材ができて、「上から目線」で自分たちと同じような高給取りの感覚だけで取材を済ませてよしとするなら、テレビの記者ほど楽な仕事はないだろう。

でもそんなニュースばかりでは、国民やひいては社会全体が困る。そうした表面だけを切り取って映し出される映像が現実の姿だと思われては、社会の全体像への認識がゆがんだものになってしまうからだ。

マスコミは「許されない」病から脱却せよ

2012年6月白昼、大阪・ミナミの路上で通行人の男女2人が見知らぬ男から包丁でメッタ刺しにされて命を奪われるという惨劇が起こった。無差別の通り魔殺人事件だった。包丁を手に走る犯人や血痕が残る現場を生々しく映し出す映像を見せた後、スタジオ出演者が「許されない」を連発していた。その後も「身勝手」「言語道断」「どうしようもない男」など犯人を断罪する声が続く。行政のトップである松井一郎大阪府知事も「人を巻き込まずに自己完結してほしい」とコメントした。

不条理な犯行に怒りを覚えるのは誰しも当然としても、テレビ報道ではお約束のように同様の怒りの感情論が流される。「許されない」病とでも形容すべき言葉の羅列で時間が費やされる一方、本来伝えられるべき情報が伝えられていない、と感じるのは私だけだろうか。

逮捕された男は、覚醒剤取締法違反で実刑判決を受け、刑期を満了して出所したばかりで無差別殺人におよんだ。逮捕後、「住む家もない」「仕事もない」「カネも残り少ない」

「自殺したかった。人を殺せば死刑になると思った」と供述したという。

生活困窮者支援の現場にかかわる関係者なら思わずドキリとさせられる台詞だった。頻繁に耳にする言葉だからだ。事件の背景に横たわっているのは社会の「貧困」と「孤立」、「排除」の問題である。刑務所からの出所者も含め、生活困窮者に対して社会全体としてどう取り組むか、排除されている人をどう孤立させないかという課題だ。

ホームレスなど生活困窮者の支援に取り組む女性弁護士を長期的に取材したときのことである。生活保護の窓口にもたびたび同行する彼女のもとには、刑務所を出所して行き場が見つからず野宿する人たちからも相談が寄せられる。「出所後に住む家がない」「所持金がわずか」「仕事が見つからない」などのSOSだ。

こうした人たちが刑務所に行くきっかけは、野宿で空腹に耐えかねてコンビニで100円程度の菓子パンを万引きした、神社の賽銭《さいせん》を数千円盗んだ、無銭飲食した、など比較的少額の犯罪が多い。累犯者が多く、多重債務を経験した人も少なくない。生活保護など福祉サービスになかなかつながらない彼らから、「刑務所の方がまだまし。屋根があるし、食べ物もある」という声を聞くのは珍しくない。

身寄りがなく出所後の受け入れ先がない場合、わずか100円程度の万引きでも執行猶予がつかない実刑判決を受ける場合が実際は多く、受刑も満期で刑期を終えるケースが大半となる。満期出所の場合、保護観察の対象となる仮釈放と違い、サポート体制が事実上ないに等しい状態だ。すぐ仕事が見つからない出所者が再犯にいたる割合は非常に高い。野宿と刑務所とを行ったり来たりを繰り返すうちに自暴自棄に陥る。破れかぶれで自分のことも他人のこともどうでもよくなる。こうした「負の連鎖」は現場ではよくある光景だ。

そうした出所者には知的障害者や高齢者も少なくない。本来、福祉政策などで対応すべき人々が、結果的に司法の対象になっている面があるのである。福祉施設の替わりの刑務所ともいえ、野宿と刑務所の往復を繰り返す知的障害者らと話をするたび、「本来、司法の裁きでなく福祉行政が救うべき人ではないのか?」と疑問に思うこともしばしばだった。

残虐な無差別殺人の背景にあったもの

ミナミ無差別殺人を起こした男のような犯行は残虐な殺人であり、これを貧困問題と同列に論ずべきではないという意見はあるだろう。人を殺《あや》める凶悪な犯行と無銭飲食など金銭的な犯罪を一緒にするな、という主張もあるに違いない。だが、罪を犯した人間が出所して社会に戻った瞬間に住居や食べるものに事欠く状況に陥り、再び犯罪者になっていく、という構造的な問題は同じだ。社会のなかでそうした人たちが無援の状態で取り残され、事実上の犯罪者予備軍となっている。これに対して、行政が無策で問題を長いまま放置してきたという点でも同じ根っこに突きあたる。

ミナミ無差別殺人の報道では、出所者の現状や出所後の受け皿の問題に触れたメディアも一部あったが、くわしい実態を特集したものは数えるほどだった。その結果、井戸端会議の域を出ないコメントが繰り返されるばかりで検証的な報道がほとんどない現状に終わっている。こういう機会にこそ報道機関は背景をきちんと調べ、制度の不備を問題化し、世論を喚起すべきだろう。

ミナミの事件のニュースを聞いて私が真っ先に思い浮かべたのが、2008年の秋葉原無差別殺傷事件だった。7人の命を奪った加藤智大《ともひろ》被告がネット上に残した多くの書き込みには自暴自棄と自己否定感が溢れていた。

「クビ延期だって　別に俺が必要なんじゃなくて、新しい人がいないからとりあえず延期なんだって」

「300人規模のリストラだそうです／やっぱり私は要らない人です」

秋葉原事件で背景として浮かび上がったものに被告の「働き方」の問題があった。彼は自動車部品メーカーの工場で派遣社員として働いていた。数カ月程度の短い契約が繰り返されるなか、「もう来なくてもいいよ」といつ言い渡されるか分からない不安定さがある。そのうえ、正社員、有期雇用契約、古参の派遣社員、その下にいる新参の派遣社員、請負の労働者など、複雑な身分差別のなかで人間関係も荒《すさ》みがちだ。こうして2004年に解禁になった製造業派遣の問題性が構造的に浮き彫りになった。

当時あれだけ大きく扱われた報道はいったい何を変えたのだろう。

事件を受けて、当時の自公連立政権・舛添《ますぞえ》要一厚生労働相は「製造業派遣は原則禁止にすべきだ」と発言した。その後の労働者派遣法の改正はこの流れで進められるはずだった。しかし、民主党政権下でようやく規制を強化する方向で実現した法改正では、当時、問題視された製造業派遣や登録型派遣を温存した。

かつて議論の中心だった労働者派遣法の改正問題は、最近、新聞でも扱いがひどく小さくなり、テレビにいたってはは報じられることはほとんどない。その後の政権交代で政権復帰を果たした自民党・安倍政権は労働者派遣法を再び規制緩和の方向で改正する姿勢を強めている。不安定な働き方で生み出される貧困や排除の構図は、けっして解消されないままである。

視聴者のクレームに過敏に反応

秋葉原事件当時、私は朝のテレビ情報番組でコメンテーターをしていた。容疑者の「働き方」の問題点をスタジオで解説しようとすると、番組スタッフから「けっして許すことはできません」という言葉を前もって強調するように指示された。万が一でも犯行を正当化しているように受け取られる発言はしないでほしいというのだ。この種の事件では、背景として浮かび上がる社会的・構造的な問題点を解説するとき、「犯人の行動を正当化している」と受け止める視聴者が少なからずいるため、テレビ局はかなり神経質になっている。視聴者からのたった1通のメールにもテレビ局は過敏に反応する。

こうした場合、スタッフの指示通りに「犯行はけっして許されない」という前置きコメントをした上で背景となった派遣労働などの問題点を解説してみても、やはり「殺人を肯定するような解説は許せない」などのメールや電話が来ることがあって、伝える側の難しさを実感した。犯人の行為を憎むあまり、社会構造や制度の解説などに耳を貸したくない、という視聴者も実際には多いからだ。

この結果、テレビでは毎回、同じような、「誰でも言えるスタジオトーク」が展開される。「けっして許されません！」「卑劣な犯行です！」「こんな人間を野放しにして良いのでしょうか！」と繰り返していれば、視聴者からは反発が来ない。こうして報道において背景説明や構造的な解説は脇に追いやられ、決まり文句の怒りのフレーズばかりが量産される。誰でもいえるような断罪の言葉ばかりを使うことでテレビは一種の思考停止に陥っているといえよう。

今回のような事件が起きたときには大騒ぎして伝えるものの、ふだんは制度的な問題や議論を継続して伝えようとしない記者たちの姿勢も見え隠れする。

以前、重度知的障害者の冤罪事件を取材したことがあるが、ホームレス生活と刑務所を行ったり来たりする「触法障害者」（触法＝法に触れる＝罪を犯すこと）をめぐる議論が法務省や厚生労働省などで始まっていた。司法は法務省、福祉は厚労省という縦割りの弊害をなくして連携するという話だったが、一連の報道を見る限り、その後どこまで進んだのか断片的でよく分からない。その頃、シンボルとして使われていた言葉が「ソーシャル・インクルージョン」、いわゆる「社会的包摂」だった。物を盗むことが犯罪だという意識が乏しい知的障害者たちも包み込んで、彼らを刑務所に送らないですむ共生型社会を作ろうという議論だった。

出所者の社会復帰をサポートするための更生保護施設を新たに作ろうにも、地元で反対運動が起きるなど、現実にはなかなか進まない壁もある。こうした問題も今回の無差別殺人につながっているテーマのひとつであるのに、ふだんほとんど報道されない。「前科者が自分の地元にやってくるなんて許せない」という住民感情を前にして、メディアもうかつに手を出せないという本音があるのかもしれない。

理不尽な無差別殺人を犯した人物の生い立ちや経歴から、見えてきた社会構造の欠陥はいったい何なのか。悲劇を繰り返さないために私たちはどんな処方箋を用意すべきなのか。それは、報道機関だからこそ提示できるテーマである。そして犯人を殺人に追い立てた社会的な構造を調べて再発防止のために問題提起をすることこそが、われわれが安心して生活できる道を探る第一歩でもあるのだ。

「容疑者の実家前からの顔出しレポート」はなぜ必要?

2012年6月22日、夕方・夜のテレビニュースは、各社とも4月に千葉県浦安市内のマンションで、仙台市の看護師の女性が刺殺体で見つかった事件の報道に時間をさいていた。マンションの別の部屋に住む会社員が前日逮捕されていたが、その続報として、各局は容疑者の元同級生らにその人物像などをインタビューしていた。

そのなかで私の心にひっかかったのが、容疑者の実家の映像が放送されていたことだった。ニュース番組のなかで、その一戸建てのたたずまいをはっきりと映し出しているテレビ局があった。局によっては映像にボカシを入れたり、アップしか使わずにしたり、家を特定できないように配慮するテレビ局がある一方で、その家の全景をボカシなしで放映したばかりか、その家のすぐ前で記者の顔出しレポートを撮影して放送する局もあった。私がその顔出しレポートを見たのは、日本テレビの夕方ニュース『news every.』だ。近くに住む人ならば、この家だと特定できるような映像だった。

私自身も長い間、テレビ記者をしてきた。いろいろな場所でマイクを手にカメラと向き合い、記者レポート、つまり自分の顔出しで放送してきた。あるときは事件があった現場の様子を生々しく伝えるために実況中継風に、あるときは伝えようとする国際問題のテーマを象徴するような場所で解説風に、自分自身の背中に、建物や銅像、旗、市場、群衆、デモ行進、戦車、爆撃の跡などを背負いながら、レポートを繰り返した。その都度、「何を背負って顔出しで放送し、どんな言葉をコメントするのか、どんな身振りや動きをするのか」を考え続けてきた。つまり、その場所での顔出しにどんな意味があるのか、どんな効果があるのか、という点である。

そんな経験があったからこそ、容疑者の実家前での顔出しレポートは気になった。果たして容疑者の親が住んでいる実家の前でレポートする行為が、このニュースの報道に不可欠なものだったのだろうか、と疑問に感じたのだ。

第一に、実家は、容疑事実があった殺害現場ではない。第二に、実家は、容疑者が潜伏し逮捕された現場でもない。あえていえば、この日、警察の家宅捜索が行われた場所、というだけで、ひょっとすると証拠物件が出て来る可能性は残っているのかもしれない。とはいえ事件そのものは、容疑者がすでに逮捕され、どこかの地域に危険性を周知する必要性があるわけでもない。

テレビが引き起こす制裁感情

いうまでもなく容疑者本人と違い、その親や兄弟姉妹などの親族は殺人事件とは無関係な人間たちだ。警察の捜査が入り、マスコミが押しかけるなど、肉親はそれまでの平穏な暮らしが出来なくなる。近隣の人たちからは「殺人容疑者の家族」と特定され、指を差され、肩身の狭い思いをしていることだろう。だからといって、その家の映像を全国放送で広い地域で放映され、より多くの人に特定されても良い、という理屈はどこにもない。容疑者の親ならば家を映されてもしかたがない、という判断が伝える側にどこかで働いたのだろうか。そういう判断があったとしたら、背景にあるのは一種の制裁感情だろう。事実、ネット上でも、制裁感情があふれ、容疑者の実家住所などを特定するような書き込みが行われていた。

殺人など凶悪な事件が起きるたびに、容疑者の家族への悪意あるバッシングが強まる一方だ。殺人容疑者の肉親だという理由で、「鬼親」などとネット上で指弾され、プライバシーを暴露され、職場を追われ、学校を追われ、地域を追われる。フラストレーションを犯罪容疑者の家族にぶつけるむき出しの悪意が残念なことに広がる傾向がある。追跡されたあげく自殺などに追い込まれる家族も珍しくはない。２００８年6月に起きた秋葉原無差別殺傷事件では、加藤智大被告の実の弟が２０１４年になって自ら命を断っている。

だからこそ、こうした事件を報道する側は、容疑者の家族に関しては、その身元が特定されないように最大限の配慮をして取材し報道することが求められる。少なくとも私自身はそういう意識で報道に携わってきた。

殺人事件で被害者側の取材を続けるうちに記者自身が容疑者に対して許せないという感

情を個人的に高ぶらせてしまうことはある。残忍な事件であればあるほど、そうした傾向は強い。視聴者はもちろん、取材する人間も人の子だから、その時々の感情で行動してしまうことはある。

しかし、感情に突き動かされた視聴者が「家族の責任」や「家族への制裁」を口にしたとしても、そこで同調してしまうのは、記者という仕事の社会的な役割を忘れた愚かな行為でしかない。最近では記者会見で「社会的な責任はどう取るのですか?」などと感情をむき出しにして容疑者の親族や不祥事を起こした企業などの関係者を吊るし上げる記者もいる。まるで自らが被害者を代弁しているとでもいうような傲慢さすら感じる。こうして記者が感情的になることで、本当の問題の根っこを伝えにくくしてしまっている。

では、こうした残忍なニュースに接したとき、私たちはどうすればいいのだろう。

まず、記者は裁判官とは違うという点を認識しておかなければならない。記者の仕事は「断罪する」ことではなく、「事実を究明する」ことだ。先に述べたように、記者は事実を究明した上で、同じような事件が再び起きないような手がかりはないか、社会に向かって提示していくことが役割である。われわれは、こうしたジャーナリズムの本来の役割に立ち返り、冷静に報道を見つめ続けていかなければならない。

自殺の呼び水となる危険な報道

「藤圭子さんの自殺を伝えたテレビニュースは国際的なルール違反です」。ネットのニュースでそう発信したら、「知らなかった」という反響がたくさん寄せられた。

誰かが自ら命を絶ったとき、その人が有名な人ならば、ありし日の動画や写真などを使ってテレビや新聞は報道する。

無名の人の場合でも、大震災による失業とか原発事故による帰郷困難での絶望という社会的な背景が考えられるとき、やはり遺書や自殺現場の映像、写真などでくわしく伝える。

その際、記者たちは「できるだけリアルに」と現場を生々しく表現しようとする。たとえばテレビならレポーターが自ら歩き回り、身振り手振りでどこからどうやって身を投げたかを再現しようとする。事件や事故を「できるだけリアルに」伝えることは、テレビ報道に携わる人間にとっては言われるまでもない至上命題だからだ。

しかし、こうした報道が、見ている側にどのような影響を与えるか考えたことはあるだろうか。

自殺をめぐる多くの報道がＷＨＯ（世界保健機関）の定める「自殺報道のガイドライ

ン」に違反していると自覚するテレビや新聞の関係者はあまり多くはない。

国連の専門機関であるWHOが定めた「自殺報道のガイドライン」は、模倣自殺を防ぐ目的で定められている。有名人が自殺して、大きく報道されると模倣自殺が増える。世界的な研究でも統計的な相関関係が明らかなのだ。たとえば、日本では1986年の歌手・岡田有希子さん、2011年のタレント・上原美優《みゆ》さんも自殺とみられているが、その際には、いずれも後追いで模倣自殺する者が相次いだ。

内閣府のホームページにはWHOのガイドライン[*2]が日本語に翻訳されて掲載されている。

この「手引き」には報道関係者が自殺を扱う場合の「クイック・リファレンス」として11項目が掲げられている。

内容は以下の通りだ（番号は便宜的に筆者がつけたもの）。
（1）努めて、社会に向けて自殺に関する啓発・教育を行う。
（2）自殺を、センセーショナルに扱わない。当然の行為のように扱わない。あるいは問題解決法の一つであるかのように扱わない。
（3）自殺の報道を目立つところに掲載したり、過剰に、そして繰り返し報道しな

＊2「自殺予防　メディア関係者のための手引き（2008年改訂版日本語版）」http://www8.cao.go.jp/jisatsutaisaku/link/kanren.html

い。
（4）自殺既遂や未遂に用いられた手段を詳しく伝えない。
（5）自殺既遂や未遂の生じた場所について、詳しい情報を伝えない。
（6）見出しのつけかたには慎重を期する。
（7）写真や映像を用いることにはかなりの慎重を期する。
（8）著名な人の自殺を伝えるときには特に注意をする。
（9）自殺で遺された人に対して、十分な配慮をする。
（10）どこに支援を求めることができるのかということについて、情報を提供する。
（11）メディア関係者自身も、自殺に関する話題から影響を受けることを知る。

ガイドラインでは「自殺に傾いている人は、自殺の報道が大々的で目立つものであったり、センセーショナルであったり、自殺の手段を詳しく伝えられたりすることで、その自殺に追随するように自殺することに気持ちがのめりこんでしまう」として、（1）から（11）までの項目のさらに細かい注意点も列記されている。

それは以下のような文だ。

「自殺既遂や未遂の方法を詳しく述べることは避けなければならない。なぜなら、それをひとつずつ順を追って述べることで、自殺に傾いているひとがそれを模倣するかもしれないからである」

「見出しでは、〝自殺〟のことばを使うべきではないし、同様に自殺の手段・方法や場所についての言及も避けるべきである」

「自殺の状況・現場の写真やビデオ映像は使うべきでなく、特にそれが自殺の生じた場所や自殺の手段・方法を読者や視聴者にはっきりと分からせるようなものであればなおさら使ってはならない」

「著名な人の自殺は、報道の対象になりやすいし、しばしば関心の対象となる。しかしながら、著名な芸能人や政治的に力をもつ人の自殺は、その人たちが崇敬の対象であれば特に自殺に傾く人に影響を与えてしまう」

藤圭子さんの報道は違反だらけ

2013年8月下旬に起きた歌手・藤圭子さんの自殺についての報道でもこの違反が繰り返された。

WHOガイドラインを念頭において、藤圭子さんが亡くなった当日、8月22日の日本テレビのニュースを例にしてみてみよう。

日本テレビは夕方のニュース番組『news every.』でこのニュースをトップニュースとして扱い、自殺の方法についても、クーラーボックスを足場に使って飛び降りた可能性とくわしく報じた。

夜のニュース番組『NEWS ZERO』では見出しのテロップは「最新 宇多田ヒカルさんの母／藤圭子さん（62）転落死〝自殺〟か」だった。スタジオでリード文を読むアナウンサーが「マンションのベランダの手すりを抜けて飛び降り自殺をはかったとみて調べを進めています」と伝え、続くVTRでは自殺現場のマンションを路上から撮影した映像と上空から撮影した空撮映像とが混じり、「28階建てマンションの13階から飛び降りたと見られる」という字幕が載った。

そして路上で記者が顔出しレポートをする。記者は臨場感を出そうと「亡くなった藤圭子さんはこちらの路上に倒れていた、ということです」と手で示して伝えた。その後で「藤さんが飛び降りたとみられる13階の部屋」の映像が字幕とともに映し出された。

さらにCG（コンピューターグラフィックス）映像でベランダとそこに置いてあったクーラーボックスが再現され足場が強調されて、そこからベランダの柵を乗り越える様子を想像させる。「これを足場にして飛び降りた可能性があるという」とナレーションと字幕で報道した。

こうしてみるだけで、（3）～（8）の違反が繰り返されていることが分かる。特に最後のCGでの再現は（4）についての重大な違反だといえる。自殺のやり方を再現してしまうのに近い、禁止すべき報道である。生前に歌っていた藤圭子さんの映像も繰り返し流れ、（8）についても遵守する意識がどこまであったのか疑問だ。

死を選ぶか、踏みとどまるかは紙一重

ＮＰＯ法人「自殺対策支援センター・ライフリンク」代表で、国や自治体と連携して自殺防止のための様々な取り組みを行っている清水康之氏はテレビや新聞の報道が模倣自殺を増やしてしまう傾向に心を痛めてきた。一時よりも減ってきたとはいえ、今も年間3万人近い人たちが自殺で命を落としている。以前、私が取材に行った講演会で清水さんは東京マラソンに参加する人たちがひしめき合って走る映像を会場で流し、こう語った。

「3万人というとピンと来ないかもしれませんが、東京マラソンに参加するこのランナー、およそ3万人です。走っている映像を見るとすごい数ですが、これだけ多くの人たちが命

を落としているのです」

自殺の理由はひとつではない。自殺を考えるほど思い悩んだことがある人は少なくないだろう。経済的な困窮や病気、家族の問題など、いろいろな悩みや事情が重なるが、自殺を考える人たちが本当に自殺を実行してしまうか、それともちょっとしたことで思いとどまるかは紙一重だという。

死のうかと考えている人たちに背中を押してしまうひとつのきっかけに自殺に関する報道があるという。特に、自殺の方法を詳しく伝える報道や、有名人で社会的な影響力が大きい人が自殺した場合の報道は「背中を押す」効果を発揮してしまう。

清水さんはNHKのディレクター出身だ。自殺問題を取材しているうちに問題の根深さを痛感し、NHKを退職して自ら自殺防止運動の中心に立った。民主党政権下では自殺対策を担当する内閣府参与になって政府にも助言した。それだけにテレビの映像や報道には敏感だ。私は以前ドキュメンタリーで取材させてもらった縁でいろいろ教えてもらうようになったが、WHOのガイドラインの存在を私に教えてくれたのも清水さんだ。

「メディアは自殺に関するニュースでは、WHOのガイドラインを遵守して、慎重に報道してほしい」とも語っている。

皮肉なことだが、清水さんは一時期、日本テレビの『NEWS ZERO』にたびたび出演しては「自殺防止対策」の重要性を訴えていた。日本テレビ報道局が数年がかりでやっていた「ACTION 日本を動かすプロジェクト」という大型報道キャンペーンで、『NEWS ZERO』が2009年、番組として取り組んだキャンペーンが「自殺を減らせ！」だった。清水さんはこの頃、『NEWS ZERO』の関係者にも頻繁にアドバイスしていたが、藤圭子さんの自殺に関する報道で際立ってガイドライン違反が目立った番組が『NEWS ZERO』だったという事実は、皮肉という他はない。

もちろんWHOのガイドラインから見て違反といえるような報道が多かったのは日本テレビに限ったことではない。他の民放テレビ、NHK、そして新聞も、どれかの項目では抵触しそうな報道は数多かった。清水さんいわく、「自殺防止という観点からみればアウトばかり」と判定されるのだ。

それなのに自殺防止のガイドラインについてテレビ局が研修を行ったなどという話はほとんど聞いたことがない。少なくとも私自身がテレビ報道の現場で働いていた時期に自殺報道に関する研修を受けたことは一度もない。こうした問題について局の幹部が勉強不足で意識が低いことも背景にはある。ちなみに私は全国各地のNHKや民放の報道局や報道部幹部たちと顔を合わせるたびに「自殺報道のWHOガイドラインを知っているか」と聞いているが、知っている人がいることの方がきわめて珍しい。

第3章
テレビ局が陥ったやらせ・捏造の内幕

出演者の暴露で発覚した『ほこ×たて』の捏造問題

「やらせ」や「捏造」などのテレビ番組の不祥事は、国民的人気番組でも時々引き起こされてきた。

やらせとは簡単に言えば八百長のこと。事実や真剣勝負のように見せながら、実は演技や作為によるものである場合が該当する。捏造とは、事実でないことを偽って事実だと伝えること。取材したデータや証言などを都合が良い形に歪曲する場合が典型だ。どちらも事実を曲げる行為でテレビの放送倫理上、やってはいけないこととされている。

現在のテレビ業界では、こうした問題が発覚した場合、最悪の場合には経営トップである社長の辞任という事態を招きかねない。それでもたびたび繰り返されてしまう。その背景には、テレビ局の内部の構造的な問題が潜んでいる。

フジテレビの人気番組『ほこ×たて』で「不適切な演出」が次々に見つかったのは2013年10月20日の『ほこ×たて　2時間スペシャル』の放送直後だった。この番組は、主に日本の中小企業が持っている技術力や職人技の底力を競わせる番組で、これまでも「絶対に穴の開かない金属vs絶対に開けられるドリル」など、数々の名勝負を生んできた。

2010年10月に特別番組として始まった当初は画期的で、テレビ界に衝撃を与えた。日本企業の知られざる底力に光を当てる「面白くてタメになる番組」だと評判になり、2011年からレギュラー化。2010年にギャラクシー賞月間賞や2011年のATP賞テレビグランプリ情報バラエティ部門最優秀賞、2012年日本民間放送連盟賞のテレビエンターテインメント番組部門で最優秀賞を受賞した。

そうした数々の受賞番組だったのに捏造が発覚したきっかけは、『ほこ×たて2時間スペシャル』が放送された後、出演者の一人、広坂正美《ひろさかまさみ》氏が勤務先であるラジコン製造販売会社・ヨコモのホームページに[*3]「この内容は全くの作り物です」「偽造編集したものが放送されてしまった」と書きこんだことだった。そして、過去に出演した際も偽造するような演出があったことを暴露した。

広坂氏が出演したのは「絶対命中スナイパー軍団vs絶対逃げるラジコン軍団」というコーナーだ。アメリカ人のスナイパー軍団（クリス、レア、ジョージの3人）が、日本のラジコン軍団と対決するという設定だった。高速で動き回るラジコンカーやラジコンヘリ、ラジコンボートを銃で撃つことができるか、ラジコンの操縦者の日本人3人と狙撃手のアメリカ人3人が「対決」するというものだった。番組では、

---

*3「ラジコン愛好家の皆様へ」http://www.teamyokomo.com/topics/13/131023_hokotate/131023_hokotate.html

「先鋒」「中堅」「大将」の3対3の勝ち抜き戦で勝敗を競うとされ、勝った方が勝ち残って次の相手と対戦していく仕組みだった。

放送では、第1戦（ラジコンヘリvsスナイパー・クリス→クリスが勝利）、第2戦（勝ち残ったクリスvsラジコンカーの広坂氏→クリスが勝利）でラジコン軍団が2連敗した後に3連勝（ラジコンボートvsクリス→ラジコンボートが勝利、ラジコンボートvsレア→ラジコンボートが勝利、ラジコンボートvsジョージ→ラジコンボートが勝利）で日本側が勝利する。

順番も、対戦相手も、勝敗の結果さえ違う

ところが、広坂氏がホームページに暴露した事実によると、撮影時の実際は放送内容とかなり異なるという。実際の収録上は、最初に行われた対決ではラジコン軍団は第1戦がラジコンボートだった。狙撃手が3人とも撃つことができずにラジコンボートの3連勝に終わったので日米の対決は、実はそこで勝敗が決していたという。つまりラジコンカーやラジコンヘリは出番がないまま、日本側の勝ちが早々と決定したのである。

広坂氏によると、そこで、ラジコンヘリやラジコンカーもスナイパーとの対決を見せられるように順番を入れ替えることを制作スタッフが決め、撮影が続行されたというのだ。

放送を見ると、「クリスと広坂氏のラジコンカーが対決。クリスが残り1秒で勝利した」となっている。しかし撮影時に広坂氏が実際に対決したのは女性スナイパーのレアだった。

それだけではない。さらにルールも放送したルールとは違っていて、「最初の1分間は撃ってもよいが、決してラジコンに当ててはならない」「実際の真剣勝負は残りの1分間で、1分間の中で3発のみ撃てる」という内々のルールが存在したという。ところが開始わずか数秒でレアがルールに違反して車に銃弾を撃ち込み、ボディが外れて飛び散ってしまった。さらに2発目がバッテリーに命中、その後も立て続けに連射され、1分経たずにラジコンカーはバラバラに破壊されてしまったという。

撮影は一旦中断、レアは広坂氏に対し「弾が当たってしまいました。すると後ろからKILL（殺せ！）と言う声が聞こえてきたので、つい連射してしまいました。ごめんなさい」と話したという。レアの反則負けだ。

ラジコンカーは現場では修復できず、広坂氏は制作スタッフに番組への出演辞退を申し出た。同時にスナイパー側と制作スタッフ側も揉め、「スナイパーvsラジコンカー」は当初のルールを守った対決が実現しないままに中止となった。

放送では対戦相手が入れ替えられていただけでなく、勝負の結果も事実とは異なって放送されていたのである。

フジテレビは広坂氏の指摘を受けて内部調査し、「不適切な演出」があったと後に認めている。しかし詳細を見れば対戦相手までが編集で巧妙に入れ替えられており、不適切な演出などというレベルではない。まさに「事実と異なる内容」であり、捏造と言えるレベルだった。

不適切な演出という表現は「行き過ぎた演出」というニュアンスを含む。テレビの良心的な演出家なら、「捏造も演出の一種に含めていいのか」と怒るのが普通だろう。こうしたごまかしを許しては、テレビの演出という言葉に傷がついてしまうと私は思う。テレビの演出とは、バラエティの場合、捏造というニュアンスが入らず、より楽しく面白く番組を盛り上げる創造性を意味する。テレビのプロには重みのある言葉だ。多くのテレビディレクターは、テレビ演出家という呼称に誇りと自負を感じているものである。

さて、広坂氏は放送前に制作会社から編集内容を知らされたと記している。

「あまりにも曲げられて作られていたため、編集責任者に対し『反則した相手が負けになるのであればまだ納得出来ますが、もしこの内容で放送された際には、事実を発表します』と忠告し、内容を偽って作らないよう要請していたのですが、非常に残念な事に偽造編集したものが放送されてしまったのです」（同ホームページ）。

広坂氏は、自身が出演した『ほこ×たて』の過去の放送分でも、捏造があったと記している。

２０１１年10月の放送ではラジコンカーは鷹と対戦。しかし、鷹がラジコンカーを追いかけず、勝負をするどころではなかったのに、編集で対決したように見せかけている。２０１２年10月の放送ではラジコンカーと猿の対戦。「猿がラジコンカーを怖がって逃げてしまうので、釣り糸を猿の首に巻き付けてラジコンカーで猿を引っ張り、猿が追いかけているように見せる細工をしての撮影」だったという。

広坂氏の告発の翌月となった11月初めに番組の打ち切りが決まった。バラエティ番組とはいえ、「真剣勝負」をうたっている番組で実は捏造があったなら、視聴者の信頼を裏切った点で罪は重い。

『あるある大事典』との共通点

『ほこ×たて』事件は、同じフジテレビ系列で放送されて大きな問題になった２００７年の関西テレビ『発掘！あるある大事典Ⅱ』の事件と驚くほど共通点がある。

第1に実際のVTRの制作に携わっていたのはテレビ局本体ではなく制作会社だということ、第2に捏造が過去の回にさかのぼって疑われること、第3に、どちらも高視聴率を誇る人気番組であること。そして第4に、『あるある』が健康や食品に関する情報、『ほこ×たて』が日本企業の底力や魅力に関する情報を紹介するという、タメになる「教養番組」として評判が高い番組である点だ。

どちらも広くいえばバラエティ番組であるが、総務省に届け出る放送区分では「教養番組」となる。放送法第2条が定めている「教育番組以外の放送番組であって、国民の一般的教養の向上を直接の目的とするもの」だ。つまり「タメになる」のが売り物の番組である。教育番組やドキュメンタリーそのものではないが、事実を取材して国民の教養を向上させるという点ではそれらの番組に匹敵するジャンルに該当する。

なかでも『ほこ×たて』は最近流行のリアリティー番組（一定の環境下にある素人などがどう行動するかを観察していく手法。素人が参加してリアリティーがある、つまり、予測不能の生々しい展開がスリリングで面白いと視聴率を稼ぐジャンルの番組）の一種だ。多くの視聴者は嘘がないと思って視聴するので「国民の一般的教養の向上」を目的にしながら、嘘が混じっていたとなると罪はかなり重い。

しかし、こうしたやらせや捏造はバラエティ番組だけにはとどまらない。報道番組、それももっとも慎重に作られているはずのニュース番組でも起きていたのだ。

ニュースでも引き起こされた映像偽装

2012年11月、関西テレビのローカルニュース番組『スーパーニュースアンカー』で放送されたインタビュー映像が、放送局のお目付役であるBPO「放送倫理・番組向上機構」の放送倫理検証委員会から「放送倫理に違反する」「許されない映像」との判断を示された。いったいどのような違反があったのか。

問題の映像は11月30日、「大阪市職員　兼業の実態」という特集のなかで放送された。公務員は地方公務員法で兼業が禁止されている。しかし、規定に違反して副業をする人間が大阪市役所に複数いると証言する情報提供者が現れた。関西テレビが放送した情報提供者の証言シーンは、音声部分では情報提供者本人の話にボイスチェンジをかけたものだった。

映像部分は話している人物の顔は出ていなかったものの、情報提供者のモザイク映像が映された。しかし、実はその映像は情報提供者本人ではなく、関テレの取材スタッフの一人である撮影助手が代役として座り、その姿を撮影したものだった。つまり映像部分は完全にニセ者だったのである。「映像偽装」ともいうべき放送だった。

このシーンは関テレの社内で撮影された。大阪市を担当する記者が情報提供者にインタビューする段取りになっていたが、本人はボイスチェンジをかけることを前提に音声収録は了承したものの、映像撮影はどんな形であっても嫌だと頑に拒絶したという。記者は情報提供者が話している間、その本人にはカメラを向けず、別人である撮影助手を代役として撮影するようカメラマンに指示した。こうして音声は本物、映像は偽物、という素材ができ上がった。

ＢＰＯが関テレ社内で聞き取りをした報告[*4]によると、記者は入社5年目の市役所担当のキャップ。カメラマンは入社2年目。撮影助手は経験1年にも満たない外部スタッフだった。カメラマンは先輩社員である記者の指示に従いながらも取材の後で違和感を覚えて後で先輩カメラマンに告白。デスクに相談するよう助言されたが、けっきょく話せないまま特集は放映された。放送翌日、カメラマンは

＊4「関西テレビ『スーパーニュースアンカー』「インタビュー映像偽装」に関する意見」 http://www.bpo.gr.jp/wordpress/wp-content/themes/codex/pdf/kensyo/determination/2013/16/dec/0.pdf

また別の先輩カメラマンに告白し、その翌々日には報道局の幹部全体に事実が知れ渡る。

ところが、報道部、編成部、コンプライアンス推進部などの幹部らが顔をそろえた会議では、事実をありのまま放送して視聴者にお詫びをすべきだという強い意見もあったものの、このケースでは「映像は補助」であり、「音声による証言自体は真実であるから、わざわざ説明する必要はない」という意見も出された。最終的に報道トップである報道局長が、公表すれば「情報提供者との信頼関係を壊すおそれがある」として、お詫び放送をしない、すなわち視聴者に公表しない、という決断を下した。

それから3カ月、外部には伏せられていたが、内部では議論となり、新聞社の取材がきっかけで関テレは対外的に発表せざるを得なくなった。複数の新聞によって偽装の事実を報じられた2013年3月13日、関西テレビは文書を発表した。インタビュー映像の偽装は「報道された内容に偽りはなく」、「ねつ造ややらせにはあたらないが不適切な映像表現であった」とした。

絶望的なリアリティー重視の現場

この出来事が示唆するテレビの現状はかなり絶望的だ。一つは報道の仕事で最優先されるべき「事実・真実の確認」よりも演出、つまり画のインパクトを優先させる思考が事実性を厳密に問われるニュースの現場の記者や現場の制作者にまで深く浸透しているのが露呈したことだ。少し前まではバラエティ番組や情報番組でそうした過剰な演出があっても、報道局が作る報道番組、なかでもニュースでは絶対にありえないことだとテレビ内部の人間も信じていたし、外の人たちもそうとらえていたはずだった。そして、その一線が崩れ墜ちてしまった。

このインタビュー相手の外見「すり替え」事件の背景は、テレビで報道の分野にさえ強く求められるようになってきた映像的リアリティー追求の影響だと私は思う。

言うまでもなくテレビは、映像と音声で伝えるメディアだ。それゆえ事件でも事故でも災害でも、〝現場〟の映像と音声さえあれば臨場感を加えた形で様子をリアルに再現することができる。東日本大震災での巨大津波も、映像が撮影されていたからこそすさまじい破壊力を世界中に伝えることができた。活字だけで言葉をいくら重ねても、巨大津波が堤防を越えて平地に広がって行き、家や車を押し流していくわずか数十秒の映像にはかなわない。

だからこそテレビの記者や制作者はこの仕事を始めると同時に「いかに映像を撮るか」

「いかに映像で表現するか」を徹底してたたき込まれる。私自身、若い頃に先輩記者から「それは画（＝映像）になるのか？」「画で表現するとしたらどんなシーンだ？」と何度も問われ、映像で報道する作法を教え込まれた。結果として体の隅々にもそのノウハウや精神がしみ込んでいる。

「画で撮ってナンボだ」。こんな思想がテレビではよく語られる。どんなに迫力ある出来事も、その瞬間の映像を撮り逃してしまって、後でこんなにすごい出来事だったと言ってもテレビで報道する価値は下がってしまう。映像が存在しなければ、テレビというメディアの最大限の武器である「臨場感」「リアリティー」を伝えられないからだ。なにか貴重な証言を取材できたとしても、その人物が話している映像と音声がないと、最悪でも音声だけでもないと、そのリアリティーを伝えられない。新聞ならば、取材というのは誰かに会って話を聞く行為だが、テレビでは話を聞くだけなら事前交渉や打ち合わせとなり、カメラで撮影する行為を伴う場合にこそ「取材」と呼ぶ。映像も音声もない新聞と違い、情報だけで伝えようとしてもテレビでは難しいのだ。

しかし、当然そこには取材相手がいることなので、テレビ局側が思ったようには撮影が進まないことも少なくない。いざ撮影に臨んでみると想定していた環境ではなかったり、撮影できると期待していたシーンを相手に断られる、とか、顔を出したり実名で登場するのは嫌だ、などと言われることもある。

そうなってくると、映像表現としては顔にボカシを入れたり、一番の肝心な場面の映像が撮影できなかったり、などということが起きる。そうしたときに、作品の完成や締め切りを考えれば、「やらせでもいいから、画が欲しい」という気持ちに陥っていきかねない心理は私も経験上理解できる。

なぜやらせ・捏造の誘惑に駆られなかったのか

しかしこうした行為はテレビの世界では致命的な行為であり、一度でもやってしまうと制作者としての将来はない。私がそういう誘惑にかられなかったのは、事実を素材として扱って原稿表現の細部にもこだわる報道現場に長くいたため、事実を曲げることは絶対に許されないという倫理観が体中に染み付いていることが大きい。他にも締め切りに間に合わなければすぐにメシが食えなくなるという立場ではなかったこと（制作会社ではなく、テレビ局の社員だったこと）も大きいだろう。また締め切りに追われながらの短いサイクルの仕事ではなく、『NNNドキュメント』というサイクルが長く、成果を気長に待つ雰囲気がある番組の担当だったという幸運も大きいと思う。

この番組は視聴率は低いものの、報道をベースにした局の看板番組でもあり、その信用に絶対に傷をつけられないという責任感もあった。こうした会社員としての責任意識の他に、ジャーナリストとして「事実への畏怖」を強く持っているからだと自覚している。

かなり前のことになるが、海外でテレビ特派員をやっていた頃、他系列の特派員が支局の現地人スタッフにインタビューし、「関係者の声」などと偽って編集した企画素材を日本に伝送しているのを目撃したことがある。日本から見れば、海外でインタビューに答える人はみな「外国人」だから露見する可能性は著しく低い。一般の通行人でも大学教授でも、字幕で肩書きをつけなければ外見上の違いはない。放送するときにどんな字幕をつけるかというだけの違いなので、意図すればやらせで恣意的な報道や安易な取材はできる。第三者がほとんど確認しない海外の取材では特にやりやすいといえるが、映像的なリアリティーを追求するために嘘をつくやらせ・捏造はごく一部とはいえ実際に記者がやっていたのを知っている。

私は映像的なリアリティーの追求そのものはけっして悪いことだとは思わない。視聴者に対して「映像的に見せていこう」とする姿勢は、受け手を意識した一種のサービス精神だ。テレビで伝える、という仕事はこうしたサービス精神をいかに発揮するかどうかで差が出てくる。「こういう映像があれば分かりやすい」「こんなインタビューがあれば流れがスムーズで意図が伝わる」などイメージを固め、狙いを絞って取材し、編集し、原稿を書く習性は、テレビ記者として経験を積めば当然のように身についてくるものだ。映像で見せて理解してもらうのがテレビの仕事だから、サービス精神のない人間や映像的なイメージ力が乏しい人間にはつとまらない。

ただし、そこにはその映像が「事実である限り」という絶対的な条件がつく。あくまでテレビ記者は事実を伝えるジャーナリストなのだから、事実を事実として伝えるという一線を踏み越えてしまったら本末転倒になる。

ダメ出しで追い詰められていく心理

先に述べたように、日々のニュース現場では日増しに「映像重視」の傾向が強くなっている。そこでの上司や先輩社員とのやりとりでは、ジャーナリズムとしてまっとうであれ、と精神的な原則について注意喚起されるよりも、「他の社にある映像がうちにはない」「これでは映像的に面白くない」などでダメ出しされることの方がはるかに多くなる。映像的なスクープ性や面白く見せる作品の完成度を上司や先輩から若い記者やディレクターたちは求められているのだ。

経験を積んでいけば「映像が撮れない場合にもこういう形でなら別の映像シーンにできる」とか「映像的には面白くなくても情報だけでも提示すべきニュース」などという判断ができるようになるが、周囲の圧力に敏感な若いうちはとにかく映像をそろえようと必死になる。映像が撮れない、入手できないとなると、もう人格を全否定されたのと同じような気持ちに陥ってしまうケースもある。

今回の関西テレビのケースでいえば、内部告発者の音声インタビューを収録したものの、話している告発者本人の映像については、顔よりも下を撮影する、モザイクをかける、などと条件をつけて交渉しても本人が断固として拒絶したという（同意見書）。

取材をした記者は、音声は収録できるし、どうせモザイクをかけるのだから別人でもかまわないという判断をしたようだが、実際には「外見の映像」はとても重要な映像的な情報だ。どんな手元で、どんな服を着て、どんなシルエットで、どんなしぐさをするのか。顔が見えない場合でも視覚的に伝わる情報はたくさんある。話している間にモジモジと動かす手のしぐさで、迷ったような本人の思いが伝わることもある。

あるいはインタビューの音声だけを収録した後で、音声を再生するテープレコーダーやＩＣレコーダーを撮影して編集して放映するとか、話の内容に合ったイメージ映像を撮影して放映するなど、テレビが本人の姿を映せない場合の代替方法としてしばしばやる手法も存在する。

少し前のベテランカメラマンたちは、音声だけを収録する取材になって映像で撮るものが他にないときに「花でも天井でも撮っておけ」と後輩によく言っていた。最悪、リアルに撮影できるのが花瓶に挿した花であっても、リアリティーは伝わったに違いない。

さらには撮影スタッフの姿を撮影したとしても、視聴者に舞台裏を明かして放送するという手段もあった。「イメージ」とか「再現」などの字幕をつけて、本物ではないと明示して放送するやり方だ。これも通常は多くの番組で行われている。あえてしなかったのは、「そうすると証言のリアルさが損なわれる」と取材者が考えたのだろう。つまり取材者は偽物を本物と偽り、「本物のリアルさ」を〝捏造〟したのだ。これでは「リアルさ」の意味をはき違えてしまっている。

私だったら、あえて「取材対象者は自分の姿を映されることを一切拒んだ」と解説した後で、本人の「影」や「蛍光灯」などを撮影したと思う。それもダメなら同じ会議室の壁や時計などを撮影する。その方が取材時のリアルさ、特に内部告発者の恐怖心などがむしろ伝わってくるからだ。

匿名報道は命がけ

ニュースは実名報道が原則である。それは、誰がいつどこで何をしたのか、という事実性は、実名報道でこそ担保されるからだ。実名報道ならば後で発言内容が真実かどうかを本人に確認するなど第三者が検証することができる。

一方、匿名報道になると、第三者が真実かどうかを検証することはできない。どこの誰かは取材した当人たちにしか分からないからだ。それゆえ報道の原則は実名報道になっているが、例外的に、当人や関係者が実名報道を拒絶した場合や名前を出すことで証言者が不利益を被るおそれがある場合などに限って匿名報道が認められる。その場合の事実性の担保は、報道機関自身が責任を持つことになる。いうならば視聴者の信頼の元に報道機関の責任と名誉にかけて、匿名報道であっても「これは間違いのない事実です」と保証するのだ。

自分がドキュメンタリー制作者や記者だった頃、今回の関テレの記者と同様の「匿名を条件とする取材」を数多く経験してきた。振り返ってみれば、そうした取材が圧倒的に多かった。社会のなかで圧倒的に立場が弱い人の境遇や、力を持つ者の不正を憎む内部告発者の証言を伝える仕事を率先して報道したせいだが、多くの場合、証言者が誰かを特定されるときわめて不利な立場に追い込まれかねないデリケートな取材だった。

例を挙げるなら、親の虐待から逃れた若いネットカフェ難民の生活ぶりを顔が分からないようモザイク（もしくはボカシ）処理をして編集し放送した。元夫のＤＶを逃れて生活保護を受けているシングルマザーについて顔が出ないように撮影し音声をボイスチェンジして放送したこともある。暴力的な病院経営者のせいで精神的に追いつめられて逃げ出した看護職員の証言を本人の姿ではなく壁に映る影を撮影し放送したこともある。そんな取材の繰り返しだった。顔が出ず、誰か分からないようにする撮影や編集は、すべて立場の弱い人たちを守るための手段だった。

むろん、安易なモザイク使用は慎むべきだというのは原則だ。こうした手法は例外的にこそ許される。そして匿名報道が事実性を担保されるのは、報道する人間たちが「信頼すべきプロ」であるときだけだ。私自身も「顔の見えない匿名証言」を使用する際には、小さな嘘も入り込まないように課してきた。伝えているのが報道に嘘をまぎれこませる人たちだと視聴者が感じるようになれば、事実性の担保は根底から覆ってしまう。

詐欺特集での被害者は嘘だった！

２０１３年7月19日、日本テレビの『スッキリ!!』でキャスターが謝罪した。同番組が前年「『実際には被害者でない２人』を『被害者』として放送した」という。番組開始から50分以上経過し、ＣＭとＣＭの間の、目立たない形でそれは発表された。

日本テレビの説明によると、１度目は２０１２年2月29日、女性をターゲットにした新たな出会い系サイトを使った詐欺被害の特集だった。放送では「実際にお金を支払ってしまった女性」として顔を隠した女性が「２００万円くらい騙されて支払った」と証言。番組内で、千葉県に住む28歳の女性と紹介されていたが、この「被害者」は実際には番組に登場した弁護士の所属法律事務所の事務職員で、本当は被害者ではなかった。

２度目は同年6月1日、芸能人になりすましたサクラサイト詐欺被害の特集だった。４００万円ほどの被害に遭ったという男性が顔を隠し登場したが、この男性も前述の弁護士が紹介した人物で実際には被害者ではなかった。この人物も弁護士の所属法律事務所の事務職員だった。[*5]

謝罪放送の際、日本テレビは弁護士の実名を挙げて放送したが、放送を見る限り悪質な弁護士に騙された自分たちこそ一種の被害者、というニュアンスをさりげなく強調していたように思えた。だが、果たしてそう言い切れるケースだったろうか。

確かに被害者として登場した男女2人は同じ弁護士が日本テレビに紹介した人物だ。とはいえ「十分な裏付けを取らず」というだけの問題ではないと感じる。前掲の意見書によると、この被害者たちは、日本テレビのスタッフが弁護士に対して「誰か被害者を紹介してください」と頼んだことを受けて、弁護士が紹介したものだ。弁護士の方から依頼してきたわけではない。

となると、取材のやり方として被害者を自ら探さずに第三者に紹介を頼む手法の是非こそが問われそうだ。私はこうした紹介を頼む取材方法はとても安直で、本来は避けられるべきものだと思う。

事前勉強もせず「紹介してください」と頼んでくる制作者たち

現在、私はテレビ報道の記者やディレクターとして長く労働問題や貧困問題

＊5「日本テレビ『スッキリ!!』「弁護士の“ニセ被害者”紹介」に関する意見」
http://www.bpo.gr.jp/wordpress/wp-content/themes/codex/pdf/kensyo/determination/2013/19/dec/0.pdf

を取材していた流れを受けて、大学の教員を務めながら、「ブラック企業」や「生活保護」など貧困にかかわる問題の告発や相談等の活動にも時折かかわっている。そうした活動をしていると、テレビや新聞、週刊誌などのマスコミ人から電話やメールが頻繁に寄せられる。ブラック企業で現在働いている人、最近になって失業した人、生活保護を受けて就職活動をしている人、貧困状態にあって親の都合で住民票がない子どもなど、「当事者を知らないか？　知っているなら紹介してほしい」という依頼が実に多いのだ。

私が「ネットカフェ難民」の問題を世に投げかけたのは2007年のことだが、今になっても「ネットカフェ難民の当事者を誰か紹介してほしい」という電話が様々なテレビ局や新聞社などからたまにかかってくる。

もちろん一つのジャンルを長く取材していると、支援活動をする団体や弁護士らと親しくなり、紹介などしてもらわなくても当事者たちと当たり前のようにめぐり会う。経験豊富なジャーナリストであれば、もちろん支援団体や弁護士らも取材はするが、支援者としての立場の話を聞くだけにとどめて、紹介などを依頼しないのが通常だ。当事者は自分で探す、というのがベテランのジャーナリストたちの矜持のはずだが、現在では紹介してもらう取材が横行している。

一つのニュースなりドキュメンタリーを取材する際に、当事者というのは取材者にとってはそのテーマの〝水先案内人〟ともいえる重要な存在だ。場合によっては作品全体の性格までその人次第で変わってくる。

にもかかわらず事前勉強をいっさいせず、ある日突然電話してきて「当事者を紹介してほしい」と要請してくるマスコミ関係者は、顔も合わせたことがないのに「いついつまでにお願いします」などと言う。民放テレビの企画ニュースや情報番組の担当者に多いタイプだ。

少し考えてみてほしい。現在、生活が困窮して日々の生活に追われている人、生活保護を受けようかという瀬戸際の人、DV被害者として逃げている人、そんな人たちが簡単に紹介されるものだろうか。私は見ず知らずのマスコミ人に紹介したくはない。そういう困難な苦境にある人を紹介してもらえると考えて電話をかけてくる人の、取材者としての適性や人格はかなり疑わしいとすら思える。

この種の取材では当事者との信頼関係が肝心で、万一、プライバシーが漏れたり間違いがあったりすると、大変な人権侵害につながりかねない。それだけに仮に私が当事者を紹介することがあるとしても、「この人物なら間違いない」と日頃から信頼を置いているジャーナリストに対してだけである。

たとえ、どうしてもツテがなく「紹介してもらう取材」がやむを得ない場合でも、相手との信頼関係を築き、時間をかけて相手を観察した上で、間違いのない証言かどうかを見極めてから放送すべきだ。現状では「紹介してもらう取材」は時間的な余裕がないなか、あまりに場当たり的で刹那的に行われている。番組側の勝手な都合で安易に繰り返されているのが実態だ。だから偽物でも見抜けない。

他局でも同様の不祥事が起きているとはいえ、この数年、放送に登場した告発者や被害者、あるいは客などが実は偽物だったという〝不適切な取材〟がなぜか日本テレビの番組にばかり集中している印象だ。ほんの数年前まで同局の報道現場で働いてきた一人として心を痛める一方で、その背景もおよそ察しがつく。こうした不祥事が起きると毎回チェック体制にばかり目が向けられて、発端になった「紹介してもらう取材」のように根本的な背景となっている取材姿勢の問題は軽視されてきたからだ。

『スッキリ!!』のニセ被害者事件の後、日本テレビの情報カルチャー局は取材ルールを改訂し、取材をする医師や弁護士らから、患者や被害者等の紹介を受けることを原則として禁止した。「紹介してもらう取材」を禁じたことは一歩前進といえる。

一連の不祥事の裏にあるもの

ここで一連の不祥事を振り返ってみよう。

2009年3月には『真相報道バンキシャ!』での裏金証言が虚偽であることが発覚した。岐阜県が発注した土木工事にからんで裏金作りが行われている、という建設会社役員の証言をスクープとして報じたが、証言がまったくの虚偽だったことが後で判明した。このときには、その証言者は、インターネット募集サイトによる募集に応じた1人だった。つまり、報道番組でありながら、娯楽番組などが出演者募集などによく利用する有料のインターネットの募集サイトを利用して募った取材対象だった。

2011年1月には夕方のニュース番組『news every.サタデー』で放送されたペットサロンとペット保険の2人の女性客が、実は一般の利用者ではなく、ペットビジネスを展開する運営会社の社員だったということが後から発覚した。取材した記者が会社側の社員に「客のようにふるまう」ことを頼んだもので、虚偽を知りながら、一般客として放送していた。

2012年4月、夕方のニュース番組『news every.』で「食と放射能　水道水は今」

という特集を放送した。そこで「宅配水ビジネス」の客として紹介された女性が、実は一般の利用客ではなく、この宅配水ビジネスの経営者一族であり、大株主でもあることが判明した。このケースでは、取材した記者が「客を紹介してほしい」と会社側に頼んで紹介された事例だった。

ペットビジネスだけではなく宅配水ビジネスの客も、その店で長く粘っていれば客が登場したかもしれない。業者の側は、テレビで取り上げてもらいたいから、客がすぐに見つからない場合でも客をでっち上げようとする動機がある。そうした可能性があることは想定すべきことであろう。

3つのいずれのケースも対象を探す努力をすることなく、取材者が易々と頼んだという点で共通している。取材相手との出会いを通じて、記者自身が問題意識を醸成し、認識を深めていくプロセスこそが取材である。客がなかなか来なければ、客が来る頻度を体感することも取材の一環だ。ましてや調査報道やドキュメンタリーのような長期的取材になればなるほど、そのプロセスこそが取材者の思考を形成するうえでも重要なファクターになってくる。

取材現場は毎回、毎回似ているが、毎回、毎回微妙に違う。まったく同じ現場というのは二度とない。それゆえ、どんな映像やどんな言葉で切り取ってニュースや番組を作っていくかは、個々人の瞬間瞬間の判断力や倫理、問題意識にかかっている。

マニュアル的手順が蔓延する現場

テレビ記者やディレクターはかつてよりも数倍も忙しい。事件や事故、災害、社会問題などが起きている現場に足を運び、渦中の人間と向き合って、痛みを共感する機会がどんどん減っている。俗に言う「足で取材する」という機会は私の若い頃と比べて極端に少なくなっている印象だ。

その背景には「その日のうちに放送するニュースにならない場合には、大事だと思うような出来事であってもわざわざ取材には赴かない」(民放キー局の若手記者の声)というような効率至上主義の職場環境があるし、正社員と非正規職員との格差もある。成果主義がますます進行し、短い放送でも撮影、編集、演出など多くの人たちの超分業体制でアウトプットされていく。記者からすれば自分の取材、自分の番組というよりも、何か大きな工場のごく一部の歯車になってしまったような意識になりやすい。若手の記者やディレクターはテーマについて専門的に勉強する時間も少なくなる。これでは、取材の勘は育っていかない。

端的に言えば、プロセスよりも結果ばかりを重視する取材の現場、番組制作の現場の問題が不祥事の背景にある。

不祥事が続けば続くほど、どちらかというと管理志向の経営幹部や管理職が発言力を増す、という構図もある。こうした傾向はやる気のある現場の取材者たちにとっては気が重くなるばかりで、仕事のモチベーションは下がり萎縮していく。権力の裏側にある不正や理不尽を暴こうという攻めの取材が減っていき、無理はしないでいこうという無難な守りの取材ばかりになる。

さらには不祥事があるたびに報告・連絡・相談（ほう・れん・そう）は強化され、自分の頭で判断できない人間も増えている。自分の感性や問題意識がどの程度反映できているのか分からない工場の流れ作業の一部のような仕事になると、形だけこなせば良いという意識になってしまいがちになる。上からあれはダメ、これはダメと、手順を押しつけられ、それが増えていくと現場の取材や番組制作は重苦しいものになり、生き生きした雰囲気が失われていく。

このような近視眼的なマニュアル的手順ではなく、一人ひとりの取材者を育てて、自分の力で判断できる人材を増やしていく、という長期的な視点をテレビ局は持つべきだと感じる。

取材の現場にまったく同じものがないように〝不適切な取材〟にもまったく同じものはない。だから、この種の不祥事はいつまでも続く。場当たり的な方策を練るよりも、取材や放送にかかわる個々の人間たちのジャーナリストとしての判断力や精神を「育てていく」という方向こそが正解だろう。

テレビで流された子どもたちの実名

1997年に神戸市内で14歳の中学生が2人の児童を殺害した酒鬼薔薇《さかきばら》事件では、実行犯の少年や家族の実名や顔写真、住所などがインターネット上に暴かれていった。現在はその当時と比べてもインターネットがより身近で一般的なツールとなり、個人を特定するような情報が悪意によって公開されてしまう。ネット上で犯人やその家族をさらしものにする行為を行う人たちは、愉快犯なのか、あるいは許せない、という一種の義憤でやっているのか分からないが、個人のプライバシーをネット上でさらすことは、リンチ（私刑）と同じである。それ自体が名誉毀損などの犯罪に該当する。それにもかかわらず、凶悪事件のたびにこうした行為が繰り返され、ますますエスカレートしている。

２０１４年7月には長崎県佐世保《させぼ》市で、高校１年生の女子生徒が同級生の女子生徒を殺して遺体の首や左手首を切断するという衝撃的な事件が起きた。逮捕された女子生徒は「人を殺してみたいと思っていた」と供述、「遺体をバラバラにしてみたかった」という動機も語っている。この事件でもネット上に加害者の女子生徒の実名や顔写真などがさらされる事態が起きている。

同年10月上旬、容疑者として逮捕された同級生の女子生徒の父親が自殺した。その理由は定かではないが、ネット上には同様に父親の実名や職業、顔写真などを掲載したホームページが多数あった。

加害者側については、慎重な取り調べが続き、精神鑑定や司法手続きなどを経て更生や治療などへの道を模索することになる。だが、それ以前にネット上で私的に制裁を受ける状態になってしまって、誰も止められない状態だ。加害者やその家族も含めて、社会生活の継続を困難にさせるほど深刻な人権侵害が起きているといってもよい。

このように、ひとたび事件が起きると、悪意を持って人権侵害を行う人たちが存在し、インターネットというツールがそれを一瞬で可能にさせている。

そんな時代にあって、テレビでも報道機関としての取材過程で被害者や加害者について知った個人情報が万が一でも外に漏れることがないようにしなければならない。こうしたモラル意識は報道関係者の間である程度徹底されていると思う。

にもかかわらずテレビ放送を通じて、個人情報が一般に漏れてしまう出来事が発生した。漏れたのは「いじめ自殺事件」にかかわる子どもたちの個人情報だった。

２０１２年7月、フジテレビは前年10月に滋賀県大津市で中学2年生の男子がいじめを苦に自殺したとみられる事件に関して、事件後に学校が実施した全校生徒のアンケート結果などについて報道した。

7月5日木曜日の『スーパーニュース』はこの文書の映像を使って放送した。個人名が入った部分は黒く塗りつぶされ、電子的なボカシが入るなどの加工がされていた。しかし、ごく短い間だが黒塗りやボカシが全くないオリジナルの文書も映し出され、生徒の回答部分で「トイレに●●がつれていかれて」「●●が●●と●●になぐられて」「●●と●●にぼこぼこ」など実名が放映された（●●の部分が実名）。

7月6日金曜日の『スーパーニュース』でも同じようにオリジナルの文書の映像がごく短く流れた。翌土曜日のニュースでお詫び放送があった。

さらに同日7月6日には『とくダネ!』でも同じ文書を違う形で撮影した映像が登場した。実名が出てくる部分を黒く塗りつぶしていたのが、元々の実名入りのコピーの上からサインペンなどで黒塗りした後で撮影したものらしく、塗り方のムラまではっきりと映り、元の文字が透けて見えた。翌週月曜日の『とくダネ!』はお詫びを放送し、「大型のテレビで静止画で見ると、実名の一部が透けて見える」と、視聴の仕方を大型テレビに限定して弁明していたが、実際には私の自宅にある19インチの小型テレビでも静止画にしなくても読み取れた。だから、丁寧さを欠く塗りつぶし方といえるものだった。

2つの番組で流出したのは、いじめを受けて自殺したとされる被害者側の男子生徒といじめの加害者側とされる男子生徒の実名だ。事件の関係者をさらしものにしようとする人たちは未成年者がからむ犯罪で少年法が保護している少年少女の匿名性のベールを剥ぎ取ることを躊躇しない。そうして加害者とされる未成年やその家族の実名、学校、勤務先、写真、住所などがネット上に暴露されていく。

フジテレビで続いた未成年の個人情報の流出は、他の局では起こりえない問題なのだろうか。その放送の数カ月前までフジに匹敵する民放キー局の報道現場にいた私の実感からすると、答えは「否」だ。同じようなミスはどのテレビ局で起きても不思議ではないと断言できる。

編集作業はこうして行われる

いくつか理由はある。まず最大の理由として、テレビ放送のデジタル化によって、テレビの画質が以前と比べて格段に向上した点があげられる。10年ほど前までなら、家庭のテレビ受像器に明瞭に映らなかったはずの映像のディテールが現在では驚くほど鮮明に映し出されてしまう。それにもかかわらず、テレビ局ではそのことに十分な注意を払ったチェック体制を組んでいない。放送する側の意識は10年以上前とあまり変わらないのだ。

たとえば、今回の『とくダネ！』の文書コピーへの黒塗りの方法は、放送された映像を見る限り、どうみても文書の上からサインペンなどで黒く塗ってカメラで撮影したものだ。塗り方のムラも見える。アナログ放送時代なら黒塗りされたものの下に書かれていた文字が読み取られることはなかったかもしれないが、現在、どの局も使っている高品質のハイビジョンカメラでは、サインペンで塗りつぶした下に書かれた字の痕跡なども精巧に映し出してしまう。

たちの悪いことに、撮影の際にどう撮るかを指示するディレクター、あるいは記者、撮影したカメラマンなども、肉眼や現場のモニター上では気がつかないこともたまにある。撮影された映像をその場や編集室でいくら再生して見ても黒塗りで完全に消されているようにしか見えないが、同じ映像を大きなテレビ画面で輝度を上げて明るくして見てみたら簡単に読み取れる状態だったということはテレビ報道の現場ではたびたび起きる。

それぞれのテレビ局の報道セクションでニュース映像を編集する「編集ブース」の機器の問題もある。通常、キー局のニュース映像の編集フロアは数十の編集ブースに区切られていて、ブースごとに編集機が置かれ、映像をチェックするために再生用のモニターと収録用のモニターが並んでいる。しかし、私がいた職場では報道の編集ブースにあるテレビモニターは10数インチの小さなもので、しかも一般家庭用のテレビ受像機よりも画面は暗く設定されていた。このため、文字や人の顔を隠さねばならないような微妙な映像をつなぐ場合には後で問題が起きた。編集ブース内で確認したときには、文字がしっかり黒塗りにされ、人間の顔もシルエットで判別できないなど「個人を特定できない」と判断された映像が、別の場所の大きくて明るいモニター画面で見直してみたら、隠されていない箇所がたくさん見つかって大慌てでボカシ加工を付け加えることが何度もあった。

私自身は主にドキュメンタリー制作の担当だったので、ニュースのように時間に追われて、という切羽詰まった編集をあまりしなかった。ドキュメンタリー編集の場合には、報道の編集ブースを使うときでも映像部分のつなぎや大雑把な加工までを完成させる段階(局や人などによって「オフライン編集」などと呼ばれる段階)までだ。さらにこの後、字幕入れやボカシなどの映像加工、画質のコントロールを含む本編集(テレビ局などによっては「オンライン編集」などと呼ばれる。直接、放送されるテープを完成させる段階)を専用の編集室で行う。生放送が主となるニュースや情報番組を除いたドキュメンタリーやドラマ、バラエティなどのVTR番組は、このオフライン→オンラインの流れで編集するのが通常だ。

オフライン編集は小さな編集ブースで小さなモニターを使うのに比べ、オンライン編集では大きなモニターを使って画像のアラや画質まで細かく確認する。オフライン編集の段階では十分に隠していると思ったものが、オンライン編集の段階で大きめのモニターで見ると、不十分だったということが実際には発生する。

最近では広いサイズで大勢の人たちを撮影した映像でも、自分の顔だけは隠してほしいとか、胸元のネームプレートの名前が出るのは困るのでそこだけボカシで消してほしいとか、現場にいる人から注文をつけられる場合が少なくない。実際に広いサイズで撮影してもハイビジョン映像だと画質が良いため、拡大してみると個々のネームプレートの文字まで見える場合がある。このような事情からオンライン編集ではボカシ・モザイクなどの加工に相当の時間をかけているのが番組制作の実情だ。

一人の主人公を追いかけて作ったドキュメンタリーでも、主な人物の背景にほんの小さく映りこんでいる程度の他の人物の顔や小さな文字などが、ハイビジョン映像で大きなテレビ画面に映し出すと個人が特定できるほどくっきりと見えてしまう。これらの映像を1カットずつ塗りつぶすようにボカシやモザイクを入れる作業は時間がかかり、30分の番組でも丸1日かかることもしばしばだ。

ところが、時間に追われる生中心のニュースや情報番組の場合は、オフライン編集とオンライン編集を分けることをせず、生スタジオで放送されるVTRの部分についてのみ、事実上のオフライン編集だけ行って、生スタジオで放送する。つまりVTRの部分に関しては報道用の小さな編集ブースで、小さく暗めのモニターで映像を確認しただけで放送することも必然的に多くなる。それゆえ、結果として制作した側が「十分に隠れている」と判断したにもかかわらず、家庭の受像機に放送される時には、映っていないはずの部分がくっきりと映し出されてしまった、という事例がまれに生じる。

「顔を出したくない」という人の姿が映されてしまった！

私自身も以前、あるドキュメンタリーで、顔を出したくないというシングルマザーに関して、ベテランのカメラマンが逆光のシルエットなどを使ってうまく撮影したので、編集でもモザイクやボカシなしで映像をつないで放送したことがある。

しかし、放送当日の番組を見て唖然とした。編集室では見えなかった当人の見えないはずの輪郭の一部が、家庭の受像機では浮かび上がっていたのだ。本人は「顔かたちで私だとバレちゃうねえ」と笑って許してくれたが、このケースはテレビ局内で見ている映像と、放送の電波に乗って家庭の受像機で放映された場合の映像のギャップを痛いほど感じさせた。それ以来、私は本編集（オンライン編集）の際には目を皿のようにして、隠すべきものが見落とされていないかに注意するようになった。

また若手の映像編集者やディレクターがベテランの映像編集者からよく注意される点のひとつに「家庭用のテレビはテレビ局のモニターよりもかなり明るい。出てまずいような映像がないかどうかは明るい大きなモニターでチェックしろ」というものがある。つまり、テレビ局内の（特に報道セクションなどの）モニターでセーフだと判断された映像が、家庭の受像機で放映されるときには想定した以上に明るく、くっきり見えて、アウトになってしまう場合があり、注意が必要だという戒めだ。

本編集の段階でこうした点をチェックされるドキュメンタリーでさえもこんな有様だから、生放送が中心で時間に追われて放送されるニュース番組や情報番組でこうした問題をどこまで意識してミスの防止策を整えているかは心許ない。今回の『とくダネ！』や『スーパーニュース』の不祥事はこうしたミスのひとつといえる。

今回の文書資料の撮影・編集をもしも自分が行うとしたらどうしただろうかを考えてみると、コピーした文書の隠すべき文字を黒塗りして、それをまた何度もコピーしてみて、紙素材としても完全に見えないものにしてから撮影したと思う。その上でカメラマンに撮影してもらうようにする。そうしないと今回のようなミスにつながりかねない。

ニュースの現場は行ったり来たりのドタバタ

ミスを作り出すもう一つの大きな理由として、1つのニュース等における映像使用の超多様化・超分業化という、最近の報道番組や情報番組の制作現場に特有の「つくり方」の問題がある。たとえば、夕方のニュース番組内のわずか数分程度の「いじめ自殺事件」のニュースで、いったい何本の関連映像が編集してスタンバイし、その作業に何人の映像編集者がかかわるのか、お分かりだろうか。ニュース番組でも情報番組でも、報道の中心になるのは「完パケ」だ。完パケとは、「完全パッケージ」を略した業界用語で、ナレーションや音楽、字幕が入ったVTRの完成品のこと。だいたい2、3分から20数分までの尺がある。一種のミニドキュメントのようになっているVTRのことを指す。各テレビ局は、その日に視聴者がもっとも興味があると思われるニュースを、どれだけ分かりやすく、興味深い完パケに仕上げるかで毎日しのぎを削っている。言うならば、完パケの出来が、その日のニュースの視聴率を左右する、と言っても過言ではない。

今回のように大津いじめ自殺事件の続報ニュースなら、完パケの映像素材は、たとえば、教育委員会の記者会見、大津市長のインタビュー、生徒が通っていた学校、他の生徒の証言、学校での保護者説明会、保護者の声、生徒アンケートに関する文書資料など。これを一つにまとめて5、6分程度の完パケVTRを作る。

ニュース番組では放送当日の動きを取材しながら編集に入る、というケースも多く、一部の映像素材が編集ブースに入ってくるのが放送ギリギリになる場合も少なくない。このため、完パケの前半部分をA編集者がSブースで、後半部分をB編集者がTブースで編集する、ということもよく行われる。もちろん構成を作り、原稿を書くディレクター（あるいは記者）は1人だから、そのディレクターがA編集者と作業を行い、B編集者には原稿とVTR素材を渡して、お任せ状態になる。

前半と後半だけに分かれるだけならまだ良いのだが、最近のニュースでは、スタジオのリード部分でもキャスターの後ろのモニターにこれから出る映像の一部が先出しで映し出される。するとこの部分の映像をC編集者がUブースで予め編集する。さらに、完パケの放映の後で、スタジオでキャスターらが解説する部分にも解説トークにかぶせて映像がリピートされる。スタジオのインサート映像と呼ばれるものでこれをD編集者がVブースで編集する。さらにはこのコーナーが始まる前のコマーシャル前の予告VTRや番組冒頭のタイトル予告用にも別の短い映像を編集する。これをE編集者がWブースで編集……。

こうして1つのいじめ自殺事件のニュースで、5つも6つものブースで同時に編集作業が行われる。実際の作業はあうんの呼吸で編集者同士が仕事を分担して、神業に近い。夕方ニュースならば、17時台の関東ローカル放送部分と18時台の全国放送部分で、作り方を変えているケースも多い。そのどちらでもとなると、作業量は倍になる。

当然、使われる映像そのものは、同じ映像素材だ。オリジナル映像のテープがこっちのブースからあっちのブースへと行ったり来たりする。そうなると映像の加工に関する指示やオリジナル映像の管理はかなり難しいものになる。厳重な管理をしているはずのテープが行方不明になることは日常茶飯事。生徒アンケートの文書資料を撮影したＶＴＲも、あっちこっちとブースを動き回ったはずだ。ＶＴＲは次々にコピーされただろう。あるいはＶＴＲテープでなくて、ノンリニアといってパソコン上でファイルを元に編集する仕組みにしているテレビ局も増えてきているが、その場合でも変わりない。

その際に、ディレクターが文書の「●●と●●にぼこぼこ」という部分の●●は編集時にボカシで隠す、というような指示を出していたとしても、個々の編集者全員には完全に伝わりきらないことが起こる。また顔の映像や文書の映像にボカシを入れるなどの場合に、それぞれの編集者によってボカシの程度が違うこともままある。人によってボカシが甘くなったり、きつくなったりする。さらには連絡ミスや時間不足などで一部にはボカシがない、などという事態も起きてしまう。これを放送前に確認する責任も、本来は担当者であるディレクター自身にあるが、放送まで時間がなく追い込んでいたりで事実上果たせない場合が実際にはある。

『スーパーニュース』で生徒の実名が出てしまったのは、実はニュースの本編である完パケ部分ではなかった。完パケ部分を放送した後にキャスター2人が解説するコーナーのスタジオトーク部分にインサートされる映像だったのである。しかも黒塗りではないオリジナル文書が登場したのはコーナーの最後のカットだった。つまり、映像を編集したのはこのニュースに関してメイン部分の完パケを担当した編集者ではないだろう。メインの編集者ならばどの映像のどこが黒塗りされるべきかということを通常は十分に把握しているはずだからだ。

しかし、問題の映像は解説コーナーを担当した編集者、上記の例に当てはめるとD編集者がつないだ。その人が指示を十分に確認しなかったため、出てはいけないものが放送されてしまったケースだと推測される。モザイクやボカシのない映像が出たのはわずか1、2秒の間だった。特に最後のカットだったことから、本当は放送されない予定の「捨てカット」部分のつもりでD編集者がつないでいたのかもしれない。あるいは放送直前にはままあることだが、単純にボカシを入れる時間が足りず間に合わなかったのか。

ミスは毎日起きている

よくよく考えてみると、1つのニュースを放送するのに、これほど多くの編集者が同時並行で作業しなければならないという、工場の作業ラインのような複雑なテレビニュースのつくり方の方に根本的な問題があるともいえる。作業が綱渡り状態で、どうやってみてもある程度のミスは避けられないという事態は、報道現場で編集作業をやった人間なら誰でも一度や二度は経験しているはずだ。

私の経験でもホームレスの人たちに関する5分くらいの企画ニュースを夕方ニュースで放映した際、ホームレスの人の顔がそのまま出ないようにボカシを加えて編集してほしいと編集者に指示していたのに、放送時には本編ではないスタジオのキャスターコメント部分のキャスターの後ろの映像で、ボカシなしの映像が出てしまったことがある。何人もの編集者がいくつものブースで分かれて編集すると伝達や確認が行き届かないことが時々起きるのだ。今回のフジテレビのようにお詫び放送まで行き着かないような小さなミスは実際には毎日のように起きていると考えても大げさではない。

テレビ報道は、映像が勝負である。だから、興味深い映像やニュースの核心を伝える映像を繰り返し映すことが、ニュース番組の売りにもなる。視聴者の側からしてもどんなニュースがこれから放送されるのか、ポイントはどこなのかを瞬時に理解できるメリットがある。しかし、毎回のようにこうした綱渡りが続き、時々、個人情報が流出しかねない事態に陥るなら、スタッフの数や設備の陣容などと比べて身の丈に合っていない背伸びをした放送をやっていると言える。さらに、どのテレビ局にもニュース番組や情報番組に関して、映像をチェックして個人情報が漏れていないかどうか最終的に確認する責任を持った担当者が事実上存在しないことも重要な問題である。

この問題の根っこは、テレビ局の現在の報道のあり方にも直結している。こうした問題が繰り返されたら、誰もがテレビ局を信頼して個人情報を含んだ重要書類を記者に渡すなどということをしなくなってしまう。そうなったら、テレビ報道は終わる。これからも社会のなかでテレビがジャーナリズムとして責任を果たすためにも、業界を挙げて真摯に対策を考えていくべき事柄なのだと思う。

第4章

テレビは権力の監視を果たせているか

印象操作はこうして起こる

ニュースはなるべく「客観的」「公正中立」というスタンスが鉄則であり、なかでも政治に関する報道は伝え方も可能な限り平易な表現をするのが基本である。政治報道は、主権者である国民の意思決定に直接かかわってくる。主権者である国民＝有権者にできるだけ誤解のない事実を提示し、投票行動を通じて、政治に関する意思決定をしてもらう。そうした目的のために政治報道が存在すると言える。そこに誘導や煽動につながる要素があってはならない。

5月3日の憲法記念日、毎年この日のニュースでは、「『護憲』と『改憲』のそれぞれの立場での集会が開かれました」と伝えるのが恒例行事だ。

2014年のこの日、NHKの『ニュース7』もそれぞれの立場の市民団体が集会を行ったというニュースを伝えた。ここで注目すべきは、護憲の集会の方が先に紹介されて、次に改憲の集会の報道へと続いているという点である。

現時点において一度も改正されたことがない日本国憲法が国家の最高法規として存在す

る以上、護憲が前となり、改憲が後という順番で並べて報道するのは自然な形の報道のセオリーであり、NHKの『ニュース7』のバランス感覚はごくまっとうだと感じる。

しかし、この日の日本テレビの『news every.サタデー』での報道の仕方には驚いた。従来のセオリーをあまりに無視した報道だったのだ。

「憲法記念日の今日、憲法改正をめぐって、賛成派と反対派の市民団体などがそれぞれ集会を開きました」というのがスタジオのアナウンサーが読み上げたリード文であり、タイトル（見出し）は「憲法改正めぐり〝賛成派〟と〝反対派〟が集会」だった。

前述のNHK『ニュース7』でも使った護憲と改憲という区分とよく比べてみると、日本テレビは改憲派を憲法改正への「賛成派」とし、護憲派を憲法改正への「反対派」としている。

日本テレビが急に使い出した改憲「賛成派」「反対派」という表現は意味するところはそれぞれ「改憲派」「護憲派」と同じである。しかし、よく考えてみると、些細な表現の変更だとして見過ごすことができない重大な変更でもある。なぜなら一般の視聴者は「賛成派」にはポジティブな印象を持ちがちで「反対派」にはネガティブな印象を持ちやすい。

一般的に言葉のちょっとした表現をひとつ間違っても視聴者から抗議が押し寄せる政治

ニュースでは、言葉づかいには慎重なのが通常だ。経験を積んだデスクや記者ならばこうした使い方はけっしてしない。

このように視聴者の側が用心していないと、政治的なテーマについて、こうした誘導的な報道に知らないうちに乗せられてしまう。

さらに、同じ番組では自民党幹部や共産党、社民党の党首らがそれぞれ主張した言葉を紹介しただけでなく、安倍首相と親交が深い小説家・百田尚樹氏の言葉も紹介した。

日本テレビが報じた百田氏の発言は「日本も世界も大きく激変したにもかかわらず、憲法を67年間一度も変えないのはありえない」というものだった。百田氏はこのニュースで政治家以外に日本テレビが声を伝えた唯一の有識者である。

彼のような改憲派の有識者の発言を入れるならば、違う立場の発言も入れるのが報道のセオリーだが、それもなかった。これでは日本テレビに世論を誘導する意図があるのでは、と勘ぐられても仕方ない。

政治報道におけるメディアの役割は、主権者である国民に対して、判断する材料を提供することだ。主権者である国民が政治に対して「審判」を下すことができるように、社会情勢に関するあらゆる情報を伝えていく。そのためには、時の政権が行う様々な政策に対して、批判的なスタンスを維持することが大事になってくる。

こうして〝権力を監視する〟という役割を果たすのが政治報道だ。国家の命運を変えるような重要な課題についてはとりわけ厳しくチェックする役割を国民から求められている。

他方、もしもこうしたチェック機能が弱くなってしまったら、権力は暴走し、誰も止められなくなってしまう。往々にして権力は腐敗する。政権が自分たちに都合のいい情報しか出さなくなったら、主権者である国民は十分な判断材料に接した上で選挙での投票などの主権行使ができなくなってしまう。

最近、メディアが暴いたスクープ報道をみても、「19兆円もの東日本大震災の復興予算のうち多くが目的外で使用されていた」（NHK）ことや「電力会社が歴代の首相など有力政治家に巨額の献金を配っていた」（朝日新聞）ことなど、メディアの報道によって初めて暴かれる新事実もある。テレビを始めとするメディアの報道は、国民のためにあるものだという大前提を忘れてはならない。

権力によるテレビ報道への牽制

安倍政権になって、政治と報道をめぐってマスコミで衝撃をもって受け止められた事件がある。2013年6月26日にTBSの夜のニュース番組『NEWS23』が放送した中身をめぐって、自民党がTBSに対して「公平公正を欠く」として抗議し、自民党幹部への取材や自民党幹部の出演を全面的に拒絶した、という事件だ。

放送されたのは通常国会の最終日。国会の閉会とともに事実上の参議院選挙がスタートした日だった。この日、参議院予算委員会の集中審議に安倍首相が欠席したことを理由に、生活、みどりの風、社民の野党3党から首相への問責決議案が出され、民主党、みんなの党も賛成して可決された。結果として、重要法案とされた生活保護法の改正案、生活困窮者自立支援法案、電気事業法改正案などが廃案になった。

その夜の『NEWS23』は、国会審議の駆け引きが優先され、結果として重要法案が成立しなかった、と一連の政治状況を批判的に報道した。ナレーションでは「ねじれによる政局がうごめく一日」と表現していた。

4分40秒のVTRには、安倍首相の記者会見が繰り返し使用され、「問責決議の可決はねじれの象徴」など「ねじれ」に関する首相の発言が3回にわたって登場。安倍首相の肉声は1分10秒ある。安倍首相が映っているシーンは2分程を占めた。

番組では問責決議をめぐってどんなやりとりがあったかは詳しく説明せず、こうした

「政界におけるドタバタ劇に落胆する声も多く聞かれた」として、発送電分離の電気事業システムを作る予定の電気事業法改正案が廃案になったことへの憤りを自然エネルギー財団の大林ミカ氏に語らせている。「問責決議案の前に、法案の採決をしようという動きもあったわけですから、結局与党がそうしなかったというのは、もともともしかしたらシステム改革法案を通す気がなかったのかも。非常に残念ですね」

その後で、やはり廃案になった生活保護法改正案や生活困窮者自立支援法案についても触れ、田村憲久《のりひさ》厚労相が「非常に残念」とコメントしていた。

これらの報道で、自民党が問題視してTBSに抗議したのは、問責決議にいたる説明で与党側の言い分が報道されておらず、大林ミカ氏のコメントだけを使って、廃案の責任がすべて与党側にあるように誤解させる内容がある、というものだった。

ことの顛末としては、放送翌日の6月27日に自民党がTBSに「著しく公正を欠いたもの」とする抗議文を送り、TBS側が「ご指摘を受けましたことは、私どもとして誠に遺憾」という本文わずか6行のそっけない回答を返した。さらに再度、自民党が抗議文を送る、というやりとりの後、けっきょく自民党はTBS側の対応を不服として参議院選挙の公示日である7月4日、自民党幹部への取材や幹部の出演をTBSに対しては拒否する、と発表した。[*6]

結果として7月5日にＴＢＳの報道局長が自民党に文書を手渡し、「御党より指摘を受けたことについて重く受け止めます」「今後一層様々な立場からの意見を、事実に即して、公平公正に報道して参る所存です」と伝えた。これを受けて、自民党は「事実上の謝罪をしてもらった」（7月5日ＢＳフジ『プライムニュース』での安倍首相の発言）として取材・出演拒否を解いた（なおＴＢＳは政治部長名で「訂正・謝罪はしていない」とするコメントも出している。部外者から見ると分かりにくい。だが、報道局長が自民党に出した文書を読むと自民党側が「事実上の謝罪」だと受け止めるのは当然ともいえる内容である）。

本当に偏った報道だったのか？

ここまでは報道された事実であり、本論はここからである。

実は問題になった『ＮＥＷＳ23』を見てもどこがどう偏っているのか、テレビ記者を長年やってきた私自身もピンと来なかった。ただし大林氏がコメントした問責決議に関する与党のかかわり方や与党側の意図については実際に関係者を取材した

＊6「TBS『NEWS23』への抗議を巡る経過」https://www.jimin.jp/activity/news/121684.html

わけではないので、その真偽を判断することは私にはできない。つまり大林氏のコメントが客観的な事実に基づいているのかが分からないことを前提にしておく。

私が調査を試みたのは、問題の報道が果たして自民党を不利にするような報道だったのか、という点だ。当のニュースを見た場合に視聴者は実際にどんな印象を持つのかを調べてみることにした。大学でテレビ報道に関する講義を受講している大学生136人に映像を見せて、与党と野党のどちらに有利な報道だと思ったのか感想を書いてもらった。

結果は、「与党に有利な報道だと感じた」が41パーセント。「野党に有利な報道だと感じた」が38パーセント。「どっちが有利とも言えない」が21パーセント。

意外なことに一番多かったのが「与党に有利」だったのである。理由として学生たちが挙げたのは、「VTRのなかで安倍首相はじめ自民党の映像が占める時間が長く、結果として自民のイメージが強い」という感想だった。それに「ねじれ国会で野党が出した問責決議が可決され、結果として重要法案が成立しなかった。ねじれをなくさないと大変だという印象を視聴者に抱かせた。自民党に有利に働いたニュース」という声も多数あった。

他方で、「安倍首相や自民党に厳しい印象があった」という声もあった。大林ミカ氏の名前を挙げるなど「与党に法案を通す気がなかったと報道したことは野党に有利」とした学生も少数だがいた。

いずれにせよ、数の上で「与党有利」がやや多く、次いで「野党有利」と、かなり拮抗している。それだけに、見る人間によって評価や受け取り方が分かれる報道であったことは間違いない。誰が見ても偏向した報道、というわけではなく、相当に微妙な報道であったといえる。

そういう微妙な報道だった点を考えると、細かい報道の中身までを政権党が問題視して、選挙公示日になって特定のテレビ局にだけ取材・出演拒否をするという行為が、民主主義が進んだ国での政党と報道機関のあり方として良いのかは問われるべきだろう。仮に放送された大林ミカ氏の言葉が自民党側の考えていた事実と違うとしても、それは問責決議可決に関して彼女が感じた評価や解釈の問題にすぎない。

選挙になれば、これまでの政策の実績から国会運営にいたるまで厳しく吟味されることは当然という立場の与党が、わざわざ1社だけ名指しして問題にするほどのことだったのだろうか。

むろんTBSの対応の是非も問われる。自民党に対して「事実上の謝罪」をしたといえるような対応についてだ。取材・出演拒否が自局の選挙報道に与える不利益を計算したその場しのぎな反応に思える。
ＴＢＳは「報道における公平公正をどう考えるべきか」を自民党と徹底的に議論したり、「政権党ならば、番組内で堂々と反論してほしい。そのための時間は差し上げます」などと強気に出たりすることもできたはずである。自分たちに若干の落ち度があると感じたならば、番組で検証をやっても良かったと思うが、そうした思い切った対応もしなかった。要は中途半端なのだ。

学生たちに問題の『ＮＥＷＳ23』の映像を見せてから、この映像について自民党が「公平公正を欠く」として抗議し、ＴＢＳへの取材拒否・出演拒否の理由になった、と知らせると、ほとんどの学生が一様に驚いたという反応を示した。

「これぐらいでガタガタ言われたら、自由な報道なんかできない」
「自民党がＴＢＳを謝罪させたのは怖い。これでは他のマスコミも自由に報道できない」

このようにアンケートに書いてきた学生もいた。まっとうな反応だと思う。

強大な権力に対して、テレビ局などジャーナリズムの企業がとるべき態度は自分の会社がターゲットにならないように配慮することではない。政権党が個々の報道に口をはさむようになるとテレビ報道は政権の大本営発表になるばかりだ。本来、権力が介入してきた場合、ジャーナリズムは毅然と闘わなければならない。メディア側が目先の競争で目を曇らされているなかで、政治の側の牽制・介入の巧妙さが際立った事例である。

流されたリーク映像

ある新聞社のベテラン記者と参議院選挙のマスコミ報道について雑談していたら、「あのテレビはひどかった。なぜ問題にならないのか?」と怒っていた。

なんのことかと聞けば、2013年7月2日のNHK『ニュースウオッチ9』だ。参議院選挙の公示2日前にもかかわらず、特定の政党に肩入れする報道を行っていたという。映像を入手し見てみて驚いた。報道のプロとしてみて、確かに首をかしげるような内容だったからだ。

2013年6月にイギリスで行われたG8サミット。私も記者として何度か取材経験があるが、サミットは日本が参加する外交行事のなかでも最大のイベントである。前後も含めて期間中、外務省はサミット会合の合間に主要国の指導者との「バイ」(＝バイラテラル、2国間)の公式首脳会談をセットするのに懸命になる。なかでもアメリカ大統領との会談は日本政府にとってとりわけ重要だ。たとえ10分間であっても公式首脳会談を行うのと行わないのでは外交上大きな違いがあり、公式会談は国同士の記録として残される。

しかし、今回は日本政府が結果的に安倍首相とオバマ大統領との公式会談をセットすることができなかった。これが「アメリカに嫌われているのでは？」と憶測を呼んだ。実際、アメリカ側は領土をめぐって日本と緊張関係を強めている中国政府に配慮して「公式首脳会談」を避けたのが実情らしい。

そんななかでのNHK『ニュースウオッチ9』が放送したのは「NHKが独自に入手した映像」として、安倍首相が歩きながら、あるいは立ったままでオバマ大統領と懸命に話している無音の映像である。キャスターは「アメリカとの公式な首脳会談は行われませんでしたが、安倍総理大臣がオバマ大統領と突っ込んだ意見交換を行う様子が映し出されています」と前振りした。その後で映像を見せながら、非公式な場ながら、最重要課題のひとつである尖閣諸島問題について安倍首相が「中国の要求には応じられない」などと発言したとみられるとナレーションが入る。中国への対応はこれまで電話会談でやりとりしてきたが、今回、顔をつきあわせてあらためて伝えたとする政府側の解説もナレーションで紹介された。

帰国後、公式の首脳会談がなかったことを民主党の野田前首相が国会で首相を批判する映像も使いながら、「オバマ大統領と私は、強い信頼のきずなで結ばれており、会談の長さや形式にかかわらず、十分な意思疎通ができる関係」だという安倍首相の答弁を紹介した。

報道陣が入れない、実際のサミット会議中の場内の映像なので、撮影し、映像を所持していたのは首相官邸か外務省の関係者以外にはありえない。ＮＨＫはこの映像を、官僚の誰かなのか、あるいは首相や官房長官、官房副長官ら政治家の誰かから手渡された。つまりリークされたのである。

政権の主張をＮＨＫが代弁？

立ち話でどんなに真剣に意見交換しようとも、公式会談ほどの重みが外交上ないことは、政治・外交を取材する記者にとっては常識である。

しかし「２人の表情を含めて真剣なやりとりの様子が伝わってきたのは初めてです」と大越健介キャスターは締めくくった。「首相は大統領と正式な会談はしなかったものの、見えないところで話し合いを行っていた」という政権の主張をＮＨＫがメインのニュース番組で代弁したような印象を受けた。

放送が行われたのは選挙公示日の直前だった。選挙の公示日から投票日までの選挙期間中は、テレビ局は公職選挙法に縛られ、ふだん以上に厳密に、公平・中立な放送を目指す。さらには公示の1カ月ほど前から選挙期間に準じて、特定政党や政治家に肩入れするような放送を避けるのも通例だ。たとえば、テレビ番組にこれまで出てきたレギュラー出演者が立候補する、という情報や本人の意思が明確になれば、公示前であっても番組を降ろす。

そんななかで、『ニュースウオッチ9』はコメント上では安倍首相や政府を直接的に評価する言葉を慎重に避けているものの、「真剣なやりとり」「突っ込んだ意見交換」という表現で、この非公式な会談を肯定的に伝えていた。もちろん政権がこのタイミングでリークした事情や思惑は想像できる。

だが、それに易々と乗ってしまって良いわけがない。最も公平さが問われる時期だったのだ。放送ジャーナリズムの砦ともいえるNHKが政権のPRのお先棒を担ぐような有り様では、テレビ報道は本当に危うい。

友人であった「時の首相」を批判したジャーナリスト

時の首相に対して、テレビが見せる報道機関としての「距離のとり方」に強い違和感を覚えることがある。そう感じたのは安倍首相の「ソフトさ」「ヒューマンさ」といった人格の良さばかりを強調するテレビ番組だ。

2013年4月18日、日本テレビの朝の情報番組『スッキリ!!』のスタジオに安倍首相が生出演した。最後は出演者たちと並んで両手を前に突き出す番組の決めポーズまで行った。番組では司会者が、安倍首相の挫折体験などを聞き、さらにアベノミクスや保育所の待機児童問題などを質問して、首相の解説を聞いて相槌を打っていた。そこでは憲法改正に関する突っ込んだ質問はまったく出てこなかった。

翌日もこの舞台裏がVTRで特集されていたことから、番組の嬉々とした様子が伝わってくる。

TBSの『情報7daysニュースキャスター』も4月6日、安倍首相の単独インタビューをVTRで放送した。女性レポーターが官邸に取材に行くと、安倍首相自らが官邸内を案内した。話のメインは安倍首相が前回の首相在任中に突然政権を投げ出した後の挫折の日々の体験談だ。思考を整理するため考えを書きつけた手帳のエピソードなど、彼が人間としていかに成長したのか、再チャレンジに向けて努力したのかを強調する番組だった。首相が通っていた小学校の新1年生や首相夫人のインタビューも登場した。

日テレもTBSも憲法改正などの難しい話には触れずに人柄や私生活に焦点を当て、時の首相が独占的な取材や出演に応じてくれた興奮を隠しきれないように見えた。そこには知的な要素、ジャーナリズムとしての役割は皆無だった。

2つの番組を見ながら、私は同じ年の1月27日に放送された別の番組を思い出していた。BS-TBS『筑紫哲也　明日への伝言――「残日録」をたどる旅』である。2008年にがんとの闘病の末に死んだ元朝日新聞記者でTBS『NEWS23』のキャスターだった筑紫哲也の軌跡を追ったドキュメンタリーだ。

筑紫がキャスターを務めていた番組に現職首相の福田康夫氏を呼んだときのことである。もともと2人は個人的に親しい間柄だったが、筑紫はジャーナリストとして権力者に対峙するため、生放送では厳しい質問を次々に浴びせた。福田の顔が不快感のあまりみるみる憤然としていく。その福田が後のインタビューで（筑紫について）「ジャーナリストだからね」と納得顔で答えていた。友人であっても権力者とジャーナリストは緊張関係を持つという社会的な役割分担がそこにはあった。

筑紫はオウム真理教による坂本弁護士一家殺害事件の直前、TBSがオウムに取材VTRを見せていたことが発覚した後、自分の番組で「TBSは死んだ」と言い放った。もし筑紫が今も生きていて、彼が死の淵までその立場にあった「ニュースキャスター」という名を冠した番組を見たならば、いったい何と言っただろうか。

信用できる政治報道の見極め方

テレビ報道の一線で働いてきた人間の経験にもとづいた個人的な見解ではあるが、ここで政治報道に関して信用できるテレビ番組の見極め方を伝授しよう。

・政権に対して、距離を置いて冷静に批判的に見ているか

自分が教えている大学生たちと会話していても、最近の若い世代は「権力を批判すること」は、してはいけないことだと受け止めがちな傾向がある。報道機関が権力の動きを批判的に捉えたり、批判したりすることは最終的に社会全体のためにもなっている、ということをぜひ覚えてほしい。

・権力者が番組に登場してくれたこと自体に喜んではいないか

前述の安倍首相が出演した日テレ『スッキリ!!』やTBS『ニュースキャスター』が該当する。相手を持ち上げるだけで肝心なことや批判的なことはいっさい質問しなかったの

も問題である。
・わけ知り顔のテレビ局の政治部長や解説委員長などが登場して、質問者やコメンテーターになってはいないか
彼らも政治家と同じ「永田町ムラ」の住人である。一般国民の立場というよりも、永田町の政治家たちの常識の枠を出ない予定調和のやりとりに終始してしまう場合が多い。
・首相などの権力者がスタジオに来たときに相手が一番嫌がる質問を投げかけているか
そういう番組は権力者の表情が憤然となるので一目瞭然だ。もしこうした様子が見て取れたら、緊張感のあるやりとりを交える良い報道番組といえる。権力者に好き勝手言わせておいてその表情がニコニコしたままで終わる番組は、「名ばかり報道」であろう。
・政治家のインタビューが生放送ではなく、ＶＴＲ収録ではないか
これはそれだけで信用できない。後で編集可能なＶＴＲでは質問者とインタビュー相手との迫力ある攻防をほとんどの場合、期待できない。ぎりぎりの攻防は生放送でこそ繰り広げられる。

その意味では、ＮＨＫ『クローズアップ現代』（２０１４年７月３日放送）が集団的自衛権の行使を容認する閣議決定の２日後に菅義偉《すがよしひで》官房長官をスタジオに招いて生放送でイン

タビューした回は見事だった。机上に置いた書類を読み上げながら政府見解を繰り返す菅長官に対して国谷裕子キャスターが納得せず「しかし」を連発した。彼女の食い下がりに長官が憤然としたまま番組が終わった。

この番組については週刊誌『FRIDAY』が「菅官房長官側が激怒」「NHKを〝土下座〟」などと書いたが、菅長官は否定している。その真偽はともかく久々にメディアと権力が緊張関係にあることを見せた放送だった。

視聴者はどのようにテレビを監視していくべきか

視聴者が、この放送はちょっとおかしいぞ、と気がついたときにどうすればいいだろう。実は答えは簡単だ。視聴者として持った違和感、感想や意見を、どんどん表明していけばいい。現在はインターネット上で個人が意見を表明できる時代だ。発端は個人であっても、他の人たちの共感を得られればツイッターやフェイスブックなどのソーシャルメディアを通じて拡散していくことも可能だ。個人としてブログなどに書くのもいい。フォロワーが多いブロガーがシェアしたら瞬時にあちこちで拡散され、テレビ局も無視できないものになっていく。後述するドラマ『明日、ママがいない』のケースはソーシャルメディアの力で問題意識が共有されていった。

もちろん、そのテレビ局の「視聴者センター」などに電話やメールなどで意見を伝えるのもいい。苦情を伝えたからといって何かがすぐに変わるわけではないが、「視聴者センター」(局によって名称は「コールセンター」などと異なるがどの局にも番組に関する苦情や意見を聞く担当部署が存在する)に送られた視聴者の意見は記録されて、後から局内で回覧される仕組みになっている。ちなみに、苦情を伝えるときなどは、直接「番組担当」の部署に伝えるのではなく、こうした視聴者センターなど、少し離れた部署に伝えた方が同じ伝える場合でも影響は大きくなる。日本の組織の場合はどうしても担当者に伝えるだけだと「貴重なご意見ありがとうございました!」と慇懃《いんぎん》に扱われるものの、狭い枠のなかだけで処理されてしまう場合が少なくない。

もしこれは重大な放送倫理違反だと感じたら、BPO「放送倫理・番組向上機構」に苦情を寄せるという方法もある。その影響はテレビ局に伝えるよりも大きい。BPOの放送倫理検証委員会、放送人権委員会、青少年委員会は視聴者からの声を記録していて、後で放送局にも通知する仕組みになっている。こうして少しでもテレビの外側に伝えていくことで、それは記録され、内部はもちろん対外的にも公表される「声」になっていく。

そして放送内容が良い場合には、ぜひ前向きに評価することを行ってほしい。テレビ局においては視聴率という指標の他には、外部のコンクールで賞でももらわない限りは社内的に良い悪いという評価を得ることはほとんどない。

だからこそ、「視聴者センターにたくさんの推奨の声があった」とか、「新聞の放送番組の感想投稿欄で内容が良いという感想が多かった」とかの褒める声が届くと、局内での評判も良くなり制作者としても励みになる。こうして視聴者側が積極的に意見を寄せていくことで、いい番組作りに向けた判断材料が制作者やテレビ局にも蓄積されていくのである。

「あきらめ」で劣化する選挙報道

国の方向性を決めてしまう政治に対して、国民が主権者として影響を及ぼすことができる最大のヤマ場が選挙だ。その選挙に際して、テレビは国民がその一票をどこに入れるのか判断しうるだけの材料をきちんと提供できているのだろうか。

どんな政策であっても完璧なものはない。なぜなら、政策はどの人が評価するかでプラスとマイナスが大きく違って来るものだからだ。財界がプラスと見ても年金生活者にはマイナスというケースがある。国の経済成長というマクロの視点でみれば「良い政策」でも、ミクロな視点では個々の国民にとっては苦痛を感じさせる「悪い政策」だという場合があるのだ。たとえば、財政健全化という方針が総論では「待ったなし」であったとしても、福祉予算の削減という各論でみると餓死する人が出てしまうほど理不尽な場合もある。物事はどの立場で見るかによってプラスの側面、マイナスの側面がある。だからメディアによる報道は、様々な立場の人たちを取材し、それぞれの人にとって、プラスマイナスがどうなっているのかを丁寧に示していく必要がある。

2012年末の総選挙は、結果的には自民党の圧勝に終わったものの、59・32パーセントという戦後最低の投票率になった。この責任は、離合集散を繰り返した政党の政局報道に終始し、争点を明らかにして政策の違いを伝えるという責務を果たせなかったメディアにもある。このときの選挙報道は「ジャーナリズムの敗北」と言えるものだったと思う。テレビ報道について公示から開票までを検証してみよう。

ニュース番組で多かったのが、相変わらずの「注目の選挙区」というテレビの選挙報道の〝定番〟だ。たとえば菅直人元首相が出馬した東京18区、藤村修《おさむ》前官房長官が出馬した大阪7区、田中真紀子前文科相が出馬した新潟5区など。候補を追いかければ1年生記者でも作ることができる比較的安易な取材手法で、政策よりも「××チルドレン」「〇〇ガールズ」「刺客」などの人間関係をクローズアップするやり方だ。こういう手法では人間ドラマによる「物語」が強調され、本来、選挙で問われるべき争点については矮小化されてしまう。

ほかに多かったのが、党首の動きや発言を追ったニュースである。公示後は、各党を公平に扱うという公職選挙法の縛りが強まるため、逆に党首の動きを追うだけでも無難に安直に放送できる。

選挙報道の賢い見方

そんななかで、結果として欠けたのが政策についての報道だった。私たちが、選挙報道がちゃんとなされているかどうかをみるときに、視聴者として最も注目すべきポイントは政策についてどう伝えたかだ。具体的に気をつけるべき要素は次の3点だ。

(1) どんな争点があり、問題点はどこか、現状を取材して問題提起されているか
(2) 各政党がこれに関して持つ公約・政策を分かりやすく示しているか
(3) 公約の違いをどう評価すべきか、政策や生活にどんな影響があるのか、プラスとマイナスは何かが専門的に検証・解説されているか

政策報道で不可欠といえるこれらの要素だが、検証してみるとどのテレビ局もどの番組も結果的にほとんど満たしていなかった。

難しかった事情は確かにある。過去最多の12政党が乱立し、紹介するだけでも時間を食った。多党化は放送時間に限界のあるニュースの選挙報道にとっては難題だ。争点も景気対策、消費増税、原発、TPP、社会保障、地方分権などと数多く、整理することが難しかった。しかも各党の公約は玉虫色の言葉が多く明確ではないため、簡単にYESやNOで分類できない。その結果、ニュース番組によっては日替わりで各党党首にインタビューし、党首討論会を催すなど工夫していたが、限られた時間で主張を言わせるだけで終わった印象だった。前述の（1）～（3）の要素で振り返ってみると（2）だけを行った番組が多かった。しかし、それも言わせっ放しなので分かりにくい。取材の手間暇がかかる（1）はごく少数で、（3）はほぼ皆無という状況だった。

頭では大事な選挙だと言い聞かせても、どう選べばよいのか不明で消化不良のまま投票日を迎えた有権者が大半だっただろう。

ただ、そのなかでもフジテレビの情報番組『とくダネ！』は異彩を放っていた。消費増税、景気対策、年金、TPP、子育て支援、地方分権などに関し、現状にどんな問題があるのか、各党はどう主張しているのか、賛成派・反対派のコメンテーターを登場させ、日替わりで伝えた。TPP問題ではアメリカと自由貿易協定を締結した韓国社会の変化を伝え、年金問題でスウェーデン、子育て支援でフランスと海外の先例も取材し、それぞれの政策のプラス面とマイナス面を伝えていた。（1）～（3）の要素を満たすもので、争点を分かりやすく視聴者に伝えるという意識が明確に表れていた。同番組は情報番組に属するワイドショーだがニュース番組を凌駕していた。

しかし、こうした健闘を見せる番組がある一方、2013年7月の参議院選挙でも、こうした多党化、多争点化の傾向を整理しきれないままのテレビニュースや番組が目立った。

3・11に通じる「前と後」の既視感

政府や国会が重大な問題について決定に踏み切ろうとしているとき、主権者である国民が自らの意思を表明できるのはその決定の「前」である。決定の「後」になってからでは手遅れだ。だからこそ、テレビなどの報道は決定の前にこそ、くわしく行われなければならない。

2011年3月11日に起きた東日本大震災と原発事故の際にも、この「前」と「後」の問題がクローズアップされた。

テレビや新聞は3・11の前に大地震などをきっかけにした原発事故の可能性や安全審査の問題点を伝えることができなかった。当時の原子力安全委員会は原発で電源喪失の事態が長期間続くことを「考慮する必要はない」という方針で、これが原発事故を引き起こす大きな背景になった。*7


こうした問題は、事故の後になってからさかんに報道されたが、原発事故後、原発問題についての番組を担当する役割になった私は、何かあった後になってから大慌てで伝えるテレビの醜態を自覚し、自己嫌悪に陥った。

3・11以降、テレビはジャーナリズムとしての公益的な役割を果たしているのかがますます問われている。伝えるべきことを伝えるべきタイミングで伝えているのか。そうでないならジャーナリズムとしての敗北ではないか。こうした問題意識はテレビの内側でどこまで共有されているのだろう。

消費増税、特定秘密保護法、集団的自衛権など、テレビがくわしく報道したのはいずれも決まった「後」だった。


*7「原子力安全委員会事務局　安全設計審査指針『指針27』」https://www.nsr.go.jp/archive/nsc/senmon/shidai/anzen_sekkei/anzen_sekkei1/siryo1-4-1.pdf

一番重要なはずの議論のまっただなかに報道せず、事態が決定的になってから報道する繰り返しでは、国民にとっては「後の祭り」という失望感を生むだけである。

新聞・インターネットも駆使せよ

こうした失敗を許さないためにも、メディア側だけでなくテレビを見る視聴者の側も意識を変えていく必要がある。

今や個人でもネットで発信できる時代になった。重要課題ごとにそれぞれのニュース番組の放送時間や放送内容を記録しテキスト化して、比較できるようにするのも一つの方法である。いろいろなテーマでできている「まとめサイト」と同様にニュース番組についても「まとめサイト」を作って比較検証できるようにする。あるいは、後から振り返って、それぞれのテレビ局や番組がどんな報道をしていたかを可視化させる。これも視聴者の側から行うことができるテレビ局チェックの方法のひとつだろう。

また、テレビだけに頼らないで、他のメディアを使って情報を補う、という方法も現実的だ。

テレビはいろいろな議論があるテーマほど両論併記で扱いがちだ。政策についての説明が難解で複雑になればなるほど、政策の実施に伴う影響の深刻さなどはテレビでくわしく報道しなくなる傾向も出てくる。特に政治的に意見が分かれるテーマについてはどちらかの側から偏っていると指摘されて政治問題に発展することをテレビは恐れる。ヨーロッパと違って政治教育が末端まで浸透していない日本社会では政治にかかわることそのものを嫌う傾向が強い。一度に多数の相手に情報を伝えるマスメディア、特にテレビは「政治的」であると批判されることに神経質で、大事な問題でも政治にかかわりそうであれば避けてしまう。

このため、政治的に意見が分かれそうな問題はテレビではごく表面的にしか扱わないと考えた方がいい。視聴者の側は気になる問題については別のメディア、新聞やネットなどで情報を補うという心構えが必要だ。特にSNSの発達で、場合によっては個人発の情報があっという間に拡散する時代でもある。

また、政治的なテーマについて多くの人たちが真剣に向き合うために、どちらかの政治的立場に偏らないスタイルの運動を広げるのもいいだろう。

「集団的自衛権の行使容認に反対する集会」のような名目で、最初から旗幟《きし》鮮明だとテレビは取り上げにくい。取り上げるなら行使容認側の運動も入れないとバランスを欠くからだ。だが、もし「集団的自衛権について若者が考える勉強会」というようなイベントを企画して、賛成派も反対派も登場させて議論するならばテレビもうんと取り上げやすくなるだろう。

イデオロギーを持ち込まずに、まず関心を持つことや議論をすることを目的にする。そういう比較的しなやかな戦略で市民活動を広げていけばテレビも政治的な問題を扱いやすくなっていく。

テレビニュースを身近なものにする工夫は、視聴者自身の社会へのかかわり方によっても可能になるのだ。

第5章

弱き者のためのジャーナリズムを

テレビの〝加害性〟が現れた『明日ママ』問題

視聴者としてテレビの放送を見て、これは問題ではないかと感じる事例は少なくない。とりわけ子ども、それも心に傷を抱えた子どもたちへの影響が非常に心配になったケースがあった。

日本テレビが2014年1月15日に初回を放送した『明日、ママがいない』という連続ドラマである。主演の芦田愛菜《あしだまな》さんが演じる主人公は「赤ちゃんポスト」に捨てられていた、という設定で「ポスト」というあだ名で登場する。

ポストらの子どもたちは児童養護施設の一種であるグループホームに預けられて、施設長から「お前たちはペットショップのイヌと同じ」「時に心をいやすように可愛らしく笑い、時に庇護欲をそそるように泣く」と、うまく泣けるまで食事を与えないという場面が登場する。

また施設では、子どもたちが里親や特別養子縁組で親になってくれそうな人に「お試し期間」として預けられるが、子どもを人形と同一視する母親候補から意思を持つことを否定されるなど、異常な（ように見える）里親（とその候補者）たちが次々に登場する。さらには児童養護施設はおどろおどろしく、恐怖の場所として描かれ、特に第1回の放送では、母親が恋人を鈍器で殴りつける場面など、子どもの周辺の暴力描写も強烈だった。

この放送を見て、日本でただ1カ所「赤ちゃんポスト」を運営する熊本市の慈恵病院や児童養護施設の全国団体である全国児童養護施設協議会、全国里親会などが「偏見やいじめを助長する」と抗議の声を上げ、日本テレビに対して放送内容の見直しを求めた。

さらに特に親による虐待経験があって児童養護施設で暮らす子どもたちの心の発達にとって、このドラマは過去の記憶のフラッシュバックなどの影響が実際にありうると「日本子ども虐待防止学会」に所属する精神科医らが相次いで警告を発し、日本テレビに対しては同様に放送への配慮を求めた。

また全国児童養護施設協議会が関係施設にアンケートを行ったところ、『明日ママ』の第1回を見て、児童養護施設で暮らす女子児童らが「死にたい」と漏らすなど精神不安定に陥り、実際に自傷行為に走って治療を受けたケースも見つかったと報道された。

こうしたドラマをめぐる論争は新聞や雑誌でも大きく広がり、「明日ママ」論争、「明日ママ」問題などと呼ばれた。ついには提供スポンサー全社がCM放送を見合わせる事態へと発展し、当初「内容の変更はしない」「最後まで見てもらえば分かるはず」などと強気一辺倒だった日本テレビも、責任者が熊本市の慈恵病院などを訪れ、内容の変更を約束するという顛末になった。

どの程度取材がなされたのか?

ドラマであっても、報道的なテーマが対象になる場合は、現場で何が起きているかをちゃんと取材することが不可欠である。

日本テレビに対して慈恵病院が提出した要請文のなかには「ドラマに感動的な部分や考えさせられる部分がありながら問題箇所があるのは現場の取材が少なかった」ことにあるという指摘がある(病院ホームページに掲載された要請文)。「取材不足」だと断定的に指摘したのは、実は慈恵病院がこの少し前、別のテレビ局のドラマ班による取材を経験していたからだった。

そのドラマ『こうのとりのゆりかご――「赤ちゃんポスト」の6年間と救われた92の命の未来』はTBSが制作して、2013年11月25日に放送されている。

『明日ママ』の第1回放送のわずか1カ月あまり前なので慈恵病院には、TBSと日本テレビの取材姿勢の違いが際立ったという。ちなみにTBSのドラマ『こうのとりのゆりかご』は国内でもっとも権威あるコンクールの一つである文化庁芸術祭で優秀賞にも選ばれている。

先に述べたように、「赤ちゃんポスト」を運営するのは国内では慈恵病院のみであるが、同病院の要請文によると「赤ちゃんポスト」に捨てられていたという設定の少女が主人公の『明日ママ』の制作にあたって、日本テレビのドラマ関係者が慈恵病院を事前に取材することはなかったという。

一方で、『こうのとりのゆりかご』を制作したTBSは脚本家や制作スタッフが病院に来て、病院の現場で働く人々にじっくり取材していったという。

「インタビューの途中で脚本家の方が話の内容に涙を流された事は強く記憶に残っています。この方なら私たちが心配するような脚本をお作りにならないだろうという安心感を持ちました」（同要請文）

事前に取材していない日本テレビの姿勢に比べて、TBSは丁寧に取材し、かつ脚本づくりなど実際の制作過程でも慈恵病院が協力する形を取った。

しかしながら、そういう形を取ってもTBS側と病院側の意見が対立したことは何度かあったという。現実の「赤ちゃんポスト」では赤ちゃんをポストに置いていった母親を病院スタッフが追いかけることはしていないが、ドラマでは病院の看護部長が母親を追いかける場面が挿入された。TBS側がこうしたシーンはドラマとして必要だと病院側を説得し、白熱した議論の末に病院側も折れた。

慈恵病院は当初はTBSに対して疑心暗鬼だったというが、取材をした上で相手と話し合いを重ねてドラマを作っていく姿勢を次第に信頼するようになったという。

また、このドラマの下敷きになったのが、慈恵病院を長期にわたって取材したTBS系列の地元局・熊本放送の報道記者によるドキュメンタリーだった。TBSのドラマ制作にあたってはこの報道記者も監修役として参加し、取材者としての意見を伝えたという。

取材した上で、相手の立場を尊重して、相手の言葉に耳を傾けて妥協点を探る、というのがあるべき対応だろう。そこを省いたため、問題が生じた。慈恵病院が日本テレビに対して、TBSが作ったドラマの制作過程との違いを伝えた言葉からも明らかなように、『明日ママ』の仕事ぶりはテレビ人としての丁寧さや誠実さを欠くものだったと言える。

フィクションの裏にあった苛酷な現実

私は生活保護を受けることができずに餓死したシングルマザーの事件を長期取材した北

海道を手始めに、母子家庭や父子家庭の子どもたちが暮らす児童養護施設に何度か通ってきた。東京周辺や愛知などでもネットカフェ難民や派遣社員の夫婦、精神疾患で子育てができないシングルマザーなど貧困にあえぐ人たちが児童養護施設に子どもを預けるケースを取材してきた。その過程で貧困の当事者のなかには施設出身者が少なからずいることにも気がつき、精神の脆弱さを抱えるケースが少なくないことや、親の貧困が子どもの貧困に連鎖する深刻さも痛感していた。それゆえ、施設の子どもたちの問題は他人事ではなかった。

今回のドラマが、私がかつて取材した児童養護施設の実態とあまりにかけ離れていたことから、私もネット記事で懸念を表明し、ドラマの影響を心配する児童養護施設の関係者などの声を伝えた。

そうしたところ、ドラマの第1回の放送を見て、児童養護施設時代のつらい記憶がフラッシュバックし、その果てにリストカットしてしまった施設出身の若者がいたという情報が寄せられ、事実を確認した上でネット記事で伝えた。全国各地の児童養護施設の出身者や施設職員、精神科医、里親や里子らの体験談や意見、情報が集まった。私はそうした声や事例をネットで紹介し、ソーシャルメディアで拡散させた。

「ドラマを見ていたら死にたくなった」。私に寄せられた数々の文章のなかにあった言葉だ。番組でトラウマがフラッシュバックし、番組を見なくても気になって鬱々とするという。

児童養護施設で暮らす子どもたちは、親の虐待などの経験者が少なくない。それゆえ、日本子ども虐待防止学会の精神科医らは、そうした子どもを過酷な体験からの「サバイバー」(生存者)などと呼ぶ。なかには少数ながらトラウマを抱えて心が極端に脆弱なサバイバーもいる。ちょっとしたことでトラウマがフラッシュバックし、自傷行為に走ってしまう子どもたちだ。彼らの心のケアをどうするかは精神科医などが専門的に研究し、施設関係者にとっても大きな課題になっている。

決定的に欠けていた「想像力」

「しょせんフィクションではないか」という声は数多くあるだろうし、事実ドラマでは娯楽性の追求のために多少の誇張や「ありえない話」は一般論として許されるだろう。ドラマでは、高校の教師がヤクザの組長の孫娘だったなどという設定もある。そんなありえない物語もドラマでならば許容される。

ただし、そうした誇張には一定の条件があると思う。「そのドラマの表現で誰かを傷つけることがない」「差別や偏見を助長しない」という条件だ。

テレビ局という組織は、報道からワイドショー、ドラマ、バラエティまで様々な番組を放送している。同じドキュメンタリーといっても報道的な検証モノもあれば、人物モノや紀行モノもある。それゆえにそれぞれの番組や所属するセクションで社会のいろいろな問題について、面白さを優先するか、感動か、それとも社会正義を優先するかなど、認識の仕方や制作の姿勢がだいぶ異なってくる。もちろん個々人が元々持っている考え方もそれぞれ違う。

私が報道ドキュメンタリーやニュース番組などで、ホームレスやネットカフェ難民などの問題を取り上げ、「貧困に陥る人たちは雇用の流動化や福祉制度の支えの弱体化、親の代の貧困など社会的な背景で生み出される」と取材を踏まえていくら報道しても、別のセクションの別の番組では「酒好きで自堕落で怠け者のホームレス」などと、世間一般に流布される一面的なステレオタイプの偏見や誤解をそのまま伝えることもあった。

「ホームレスやネットカフェ難民は本人が好きでやっている」とか「人生に対する考え方が甘い」と考えたり、自分がその実態を取材したり見たことがない分野に関しては人は偏見や誤解を持ちやすい。それはテレビ関係者も同じだ。取材をしていないテーマについてはテレビ局の人間でもこんな見解の相違は日常的に起きる。特に、今回のように児童養護施設で暮らしている子どもたちという特定の環境にいる人たちにレッテルを貼ったり、偏見を抱かせたりするような放送は、報道の部署ではあまり見られないが、情報番組や娯楽番組を担当する部署ではたまに起きてしまう。

偏見をあおりかねない放送だと感じた番組の制作部署まで出向いて、貧困問題の専門記者として「偏見を助長する放送は問題があるのではないか」と自分の見解を伝えたこともある。が、しょせん違うセクション、違う番組になると担当者も「一応、ご意見はうかがいました」という表面的な反応しか見せない。

今回の問題でもっとも大切なのは、このドラマを児童養護施設で暮らす子どもたちはどんな思いで見ていただろうか、という想像力である。

児童養護施設に入所している子どもも一般家庭の子どもと同じようにテレビを見る。児童養護施設にもテレビはあるし、施設に入所している子どもたちも一般家庭の子どもと同じように学校に通っている。

ドラマに登場したような児童養護施設で暮らす子どもたちが放送の翌日、学校に行って

「お前のところも食事の前に、泣けよ、とか言われるわけ?」「お前のところも、ペットショップみたいに、新しい親を探して、お試し期間とかやったりするのか?」などとからかわれる事態が想定できる。日頃、自分が施設から通学していることを学校で口にしたくない多感な子どもたちにとって、そういう事態はあまりに残酷だ。

テレビ局は、放送という公益的な役割を認可された公共的な存在だ。一番守らねばならない「施設の子どもたち」への想像力を失い、小さな心を傷つけてしまうのなら、結果としてどんなに感動的な番組を放送したとしても意味がない。

心に傷を負う子どもたちの思いを受けとめないで、3・11が来るたびに「寄り添う」ことを強調したり、真夏のチャリティ番組で「ハンディキャップがある人のことを考えて」などと叫ぶのは、あまりに偽善というものだろう。

BPOとはどんな組織か

ここで本書でもたびたび触れたBPOについて説明しよう。

BPOは、正式名称を「放送倫理・番組向上機構」といい、民間放送会社の業界団体である日本民間放送連盟とNHKとが設置した第三者機関だ。放送に対する苦情や放送倫理が問題になった場合に審議し、放送局に意見を伝えたり勧告を行ったりする。前身は1997年に誕生したBRO「放送と人権等権利に関する委員会機構」の下にあった第三者機関・BRC「放送と人権等権利に関する委員会」だ。2003年にBPOとして改組され、2007年に関西テレビ『発掘!あるある大事典Ⅱ』のデータ捏造事件が発覚したのを受けて機能が強化された。「あるある」事件当時の菅義偉総務相がデータ捏造などにおいて、行政がより強い処分を与えることができる放送法の改正を模索したことで、放送業界が危機感を募らせて現状の形にした産物でもある。

つまり、公権力による介入を待たずとも放送業界が自浄能力を発揮して放送倫理違反や人権侵害を自主的に正し、再発防止を実現させることが可能だと内外に示す機関がBPOだ。「放送倫理の番人」とか「放送局のお目付役」などとも呼ばれる。

放送倫理の番人BPOは機能しているのか

BPOは公権力による介入を防ぐために自ら襟をただし、放送倫理違反の再発防止を果たす。そのホームページには「BPOは視聴者と放送局をつなぎます」というキャッチフレーズが踊っている。その役割は十分に果たされているのだろうか。

ＢＰＯには放送倫理検証委員会、放送人権委員会、青少年委員会の3つの委員会があり、それぞれの委員会で、放送倫理違反が疑われる番組放送について、弁護士や学者などからなる委員たちが月に1度会合を開いて検証を行う。

放送倫理検証委員会では、簡単に言うと、やらせやデータの捏造事件などを審議する。青少年委員会は、正式名称を「放送と青少年に関する委員会」といい、青少年が見たり出演したりすることが不適切な番組の審議を行う。たとえば、子どもが視聴する時間帯での過激な性的表現の是非などを審議する。放送人権委員会は、正式名称を「放送と人権等権利に関する委員会」といい、放送によって、人権を侵害されたという申し立てを受けて、個別に審議を行う。

あくまで第三者機関であり、監督官庁ではないから、法的な強制力はないが、様々な意見表明や勧告、提言などを放送局に対して行う。それらＢＰＯの結論は、放送局にとっては実際上、裁判における判決にも等しいものとして扱われる。

たとえば2008年の日本テレビの『真相報道バンキシャ！』における岐阜県庁の裏金をめぐる虚偽証言の放送では、当時の社長らの退陣という事態を招いた。ＢＰＯの放送倫理検証委員会は日本テレビに対して、検証・訂正番組の全国放送や検証結果の公表、再発防止体制の構築などを勧告し、日本テレビはこれに従って検証番組を放送するとともに再発防止体制などを発表した。また、2011年の東海テレビの『ぴーかんテレビ』での「怪しいお米」「セシウムさん」テロップ問題では、同じく放送倫理検証委員会が、放送の使命について全社的に話し合うことなどを提言し、東海テレビも提言を踏まえて体制を見直して社員やスタッフの研修会などを繰り返している。

判断は毎回ブレている？

日々放送される各局の放送では、大小の違いこそあれ、間違いや人権侵害、やらせと疑われる行為などの問題発覚が頻繁に起きていて、各委員会ではどこも懸案の審議をいくつも抱えているのが現状だ。また、放送局の側が自主的に検証して再発防止に取り組む、というのがBPO設立以来の趣旨だから、捜査機関のように独自の調査権限があるわけではない。あくまで放送局側の自主的な協力に期待するシステムで、そもそも放送局自身がアウトだと考えていない場合には、審議に入ることさえ難しいという制約が実際上はある。

私自身も注目し、議論の末に何らかの判断が出ることを期待したケースでけっきょくBPOが「審議入り」しない、という結論で終わったケースがあった。

たとえば、前述したドラマ『明日、ママがいない』の件では、ＢＰＯのうち、まず青少年委員会が審議入りするかどうかを検討した。また熊本市の慈恵病院が「職員や施設の子どもへの人権侵害」を訴えて、審議を申し立てたことで放送人権委員会も審理するかどうかを数度にわたって委員会で話し合った。しかし、結果は「審議入りせず」（青少年委）と「審理の対象外」（放送人権委）だった。残念ながらＢＰＯの委員会は警告の声を上げた精神科医や児童養護の専門家らにヒアリングを行うことさえなかった。

それでも青少年委員会は異例の委員長コメントを発表し、「このドラマによって、心の傷を深めたり再発した可能性のある子どもがいるということが示されている以上、そのことを問題にした視聴者と関係者に対して、放送局側は、番組が終わった段階で、あらためて誠意ある態度を示すことが求められていると思う」と日本テレビなどに注意を促した。「その含意《がんい》を汲み取ってほしい」とするこのコメントは、他方で「視聴者からの批判が、提供スポンサーにまで影響を及ぼすということが安易に行われる」と番組制作が成り立たなくなる懸念も表明している。

ＢＰＯには視聴者だけではなく、放送局を擁護するという面もあり、けっきょく何を重視して判断を下しているのか毎回の結論を見ても分かりにくい。結論の導き方も明確ではなく、放送局のなかからも「BPOは毎回ブレている」という批判も多いのが実情である。

生活保護バッシングの何が問題だったか

「テレビの放送以来、疑われているのではと人の目が気になり、外出を控えるようになりました」

「どのチャンネル見てもこの問題をやっているのでテレビを消して布団かぶって寝ています」

そんな悲痛な声が私の元に次々と寄せられた。過去に取材したことがある生活保護受給者たちからだった。生活保護を受けているというだけで、近所の人から「あなたも不正受給なの？」という露骨な言葉を投げかけられた人までいる。テレビによって、いきすぎた「生活保護バッシング」と呼ぶべき事態が引き起こされた。

2012年4月、人気芸人の母親が生活保護を受給していると週刊誌が報道したのがきっかけだった。その後、芸人の名前が河本準一《こうもと》さんだと明かされ、自民党の片山さつき議員が「不正受給の疑い」と厚労省に調査を要請する。河本さんが記者会見するとその模様を民放各社が生中継し、一気に報道がエスカレートした。以来、ワイドショーやニュースは生活保護の不正受給をこぞって特集した。

生活保護制度を長年取材し、貧困報道のあり方を研究する者として振り返ってみれば、この当時のテレビ報道にはかつてないほど大きな問題があった。

役所とマスコミは表裏一体

そもそも生活保護について、支給のあり方で問題となってきたものに「濫給《らんきゅう》」と「漏給《ろうきゅう》」の2つがある。

濫給は、本来、生活保護を受ける資格のない人が受けているケースで、不正受給のことだ。他方で、生活保護を受ける資格があるのに受けていない、あるいは、受けられない、というケースが漏給と言われる。漏給は、その末に餓死・凍死・病死してしまう事件でたまにクローズアップされる。

私も漏給事件を長い間、取材してきた。漏給が多いということは、福祉制度のあり方としてセーフティーネットの機能が低く、制度の網にかかっていない人が多いことを意味する。日本は欧米に比べて、漏給の割合が飛び抜けて高いことが大きな問題であると、長い間、福祉研究者たちが指摘してきた。しかもその正確な実態は、政府や自治体が調査やデータの公表に消極的なためにほとんど把握されていない。

他方、濫給は、政府も自治体も熱心に記者発表するため、頻繁に報道されている。以前、漏給で餓死にいたったシングルマザーの事件でドキュメンタリーを制作したとき、過去の記事を調べてみて、生活保護のマスコミ報道では不正受給の報道が圧倒的な割合を占めていて驚いたことがある。役所の「不正受給キャンペーン」がそのまま報道機関の「不正受給キャンペーン」になっていた。

漏給が多い理由のひとつが、生活困窮に陥った人が生活保護を申請しようとして福祉事務所に行っても、申請書を書かせないで追い返す「水際作戦」にある。「まだ若いから働き先を探して」「親族がいるならそっちに支援を頼んで」などと言って、なるべく正式な手続きに載せないようにする。水際作戦は今も全国の福祉事務所で広範囲に行われ、これによって救われるべき人が救われない構図をもたらしている。それが生活保護申請に同行して支援する弁護士や司法書士らが共通して抱いている実感だ。

こうした対応で、2012年1月には札幌市白石《しろいし》区で重度の知的障害を持つ40歳の妹の面倒を見ていた42歳の姉が体調を崩して病死し、妹もそばで凍死した姿で発見されている。生活費に事欠いた姉が福祉事務所に生活保護を求めたのは3度、市はいずれも申請用紙を渡さなかった。残念ながら、こうした対応は役所内では保護費の「適正化」に励んだ結果として肯定的に評価されることも少なくない。

埼玉県三郷《みさと》市では白血病にかかって入退院を繰り返し、仕事もできなくなった元トラック運転手の家族が生活保護を申請しようとして市に門前払いされたケースがあった。さいたま地裁が2013年2月に出した判決では、三郷市の対応が「生活保護の申請権を侵害」したと違法性を認定した。

他方、漏給やその背景にある水際作戦の実態は、こうしたむごい餓死事件がよほど続かない限り、マスコミでほとんど報道されず、特にテレビではごくまれだといってよい。このように不正受給ばかりを強調するマスコミ報道と水際作戦は表と裏の関係にある。

不正受給の認識違いが目立った報道

河本さんのバッシング報道では、生活保護というテーマが、これほど時間をさいて一斉にテレビ報道されたことはかつてなかった。私自身の経験でいうと、ふだんニュース番組で生活保護については関心が高いとは言えず、餓死事件などが連続して起きたときでせいぜい6、7分だ。深夜のドキュメンタリーでも数年に1度、25分程度だったが、今回のバッシング報道は番組によっては連日60分も90分もこの問題だけを報じていた。同じ局でも複数の番組で報じるなど、社会への伝播力は過去とは比べようもなく大きかった。しかも特に問題なのは、一連の報道のなかには誤報ともいえるものが多くみられたことだ。

この問題を理解するには生活保護法に関する若干の知識が必要だ。まず河本準一さんのケースは現行法上、不正受給に該当しない。不正受給とは、無収入・無資産と偽っていたが収入や貯金などを隠していたケース、離婚した母子家庭だと申告しながら実は形だけの離婚だったケースなど、明確な法律違反の場合で詐欺罪でも立件されうる犯罪的行為だ。

河本さんの場合、資力のある息子として扶養義務を果たすべきではないのかという問題だが、生活保護法上、扶養義務は「要件」ではなく「優先」に過ぎない。資力があるのに扶養しない場合にも法律違反ではなく不正受給には該当しない。扶養は家族ごとに独自の関係や事情があり、虐待やDVなどの可能性もあり、核家族化が進む現状に合わず強制はできないからだ。

不正受給の定義に明らかに該当しないのにテレビ番組が「不正受給疑惑」などと称して報道したのは、殺人犯になりえない人をつかまえて「殺人疑惑」と呼ぶにも等しい名誉毀損行為だった。

私が気になった番組の事例のうち代表的なものを例示する。テレビ朝日の『ワイド！スクランブル』では5月25日に河本さんのケースをまさに「不正受給疑惑」という言葉で報道した。5月28日には「追跡〝不正受給〟問題の闇」というテロップを出した後、VTRを流した。しかし、そこにはタイトルにあった不正受給と呼べるケースはただの1件も出てこず完全な羊頭狗肉《ようとうくにく》だった。

日雇い労働者の街で生活保護の支給日に受給者の行動を追うと、保護費でパチンコした、酒を飲んでいたなどの実態を見つけたという。これは受給者の行状を取り上げたものだが、先に述べたように不正受給は行状の問題ではなく法律違反の問題だ。にもかかわらず行状に過ぎないケースを不正受給として報道していたのである。勉強不足による混同であろう。

こうした受給者の行状にはアルコール依存やギャンブル依存を解決するための支援策の不備が背景にあり、専門的な対策が必要な分野だが、そこにはまったく触れず、ただ「あきれた実態」として上から目線で断罪する内容だった。

データの解釈も裏取りも不確かだった

VTRでは2005年と2010年の世帯別の生活保護グラフを示した。2005年は

「高齢者45パーセント、障害者など39パーセント、母子9パーセント、その他11パーセント」。２０１０年は「高齢者60パーセント、障害者など47パーセント、母子11パーセント、その他23パーセント」とある。しかし、それぞれ合計すると１０４パーセントと１４１パーセントになる。世帯別分類は重複しないため、合計１００パーセントになるはずである。

実際に厚労省のデータ[*8]を引っ張り出してみると、２００５年度「高齢者43パーセント、障害者・傷病者38パーセント、母子9パーセント、その他10パーセント」、２０１０年度は「高齢者43パーセント、傷病・障害者33パーセント、母子8パーセント、その他16パーセント」となっている。小数点以下を四捨五入しているので誤差は出るが、当然合計はほぼ１００パーセントとなる。

本当なら働ける受給者が増えているということをテレビで強調しようと、働くことができる年代も含まれている「その他」世帯が倍増したように誇張したものだなのか、あるいは単純なミスかは定かではない。しかしいずれにしても放送されたのは事実ではなく虚偽だった。すぐ訂正すべきケースだったのである。

またVTRのなかでは伝聞情報をウラ付けせずに伝えていた。秋葉原で街頭イ

＊8　厚生労働省平成17年度「社会福祉行政業務報告（福祉行政報告例）結果の概況」および、平成22年度「福祉行政報告例の概況」、国立社会保障・人口問題研究所「世帯類型別被保護世帯数及び世帯保護率の年次推移」

ンタビューした若者が「友だちが就職なくなってから、（生活保護を）受けたという話は聞きました」と話していた。その友だちは「20歳。仕事辞めちゃって」「まだ働けた。まあ、働けたかなって」と言う。さらに「よく聞くのは働けるのに働かないという人とかよく聞きますね」「だから不正受給が多いんですよね」と言葉は続く。この若者の証言は、彼が自分の友だちについてそう思っているというだけであり、真偽は不明の間接的な情報だ。

あまり親しくない友だちならデマや噂レベルの可能性もある。ウラ取りのためには伝聞だけでなく、当の本人に直接当たることが本来報道としては不可欠だが、この番組は安易にもその前で取材を切り上げて結論づけている。このウラを取らない不確かな証言を元に「若い人が安易に不正受給する」という流れで報じていた。VTRを受けたスタジオでは司会のアナウンサーが「若い人の間で生活保護が軽くとらえられ、もらわなければ損という考え方が広がっている」とコメントした。

VTRには「軽く」考えて生活保護をもらっている「若い人」当人はただの1人も出て来なかった。そんな人がいるという不確かな伝聞＝間接情報を元に不正受給が問題だと伝えて、それを前提にしてスタジオで議論を展開する。報道の基本動作、すなわち「きちんと裏付けを取り、事実と確認されたことだけ報道する」という姿勢を欠いたままだった。

伝聞報道は他のシーンでも見られ、生活保護費で酒を飲んだりするのは「7割か8割かな」という飲酒する受給者の言葉が流された。この数字も検証されておらず本人がさした る根拠も示さずに発言した数字をあえて字幕で強調して伝えた。「伝聞報道」「間接情報」に過ぎないが、この数字が正しいものかどうか検証もせずにネガティブな受給者像を増幅させていた。

この番組は全体的に生活保護を受けている人は、その多くが酒やパチンコなどで税金を食いものにしているという印象を強める報道で、見ていた生活保護受給中の母子家庭の母親（うつ病で闘病中）は「生活保護を受けている人間の多くが遊んでいるとか甘えているという印象を広げるのを見ていられなくて、途中からテレビを消して寝込んでいました」と私に感想を寄せた。受給者の側から見ればそれほどに暴力的な放送だったのである。

テレビ朝日『報道ステーションSUNDAY』では5月27日、生活保護を受けていた河本さんの母親の顔写真をボカシも入れずに放送した。生活保護を受けているという事実は、通常もっとも知られたくないプライバシーだ。有名人の母親であっても顔写真をそのままテレビで放映するのは本人の承諾がない限りはプライバシーの侵害行為だ。

さらにこの放送でもデータの誇張があった。長野智子キャスターが「9割は生活保護が本当に必要な人、残り1割……。制度を揺るがすこのようなケースが問題になっています」とコメントすると、タイトルテロップ「揺らぐ生活保護　不正受給〝悪質手口〟の実態」が大きく表示され、不正受給のＶＴＲへと続いた。生活保護の１割が不正受給だと訴える流れだった。しかし1割が不正受給というデータはどこにも存在しない。２０１０年の政府統計でも不正受給は金額で全体の０・４パーセント。件数でみても全体の１・８パーセントに過ぎない。明らかな誤報で、根拠のない数字だった。

おそらく長野キャスターは働くことができるとされる年齢層を含む「その他世帯」が1割を超えているのと混同したのだろう。生活保護にくわしい人間ならすぐに気がつく混同だったが、キャスターは最後まで訂正しなかった。

必ず現れる〝通報者〟

さらに、目に余ったのは、視聴者の周辺にいる生活保護受給者について知っている情報を電話やファックスなどで募集し紹介した5月24日のフジテレビの情報番組『ノンストップ！』だ。

「生活保護家庭の子どもがタクシーを使っていた」「生活保護家庭の家でリフォームして

いた」「ブランド物で身を固めた母子家庭の母親が無料交通券を使っていた」など、まるで受給者を監視するような通報をテレビが率先して紹介していた。生活保護の家庭でもタクシーを使うことはもちろん許される。それを問題だとするのは、情報提供者の無理解に他ならない。事実確認もない情報をそのまま流し、生活保護受給者全体への偏見を煽り立てる、受給者の人権を侵害する放送だった。

生活保護についてテレビで数十回と報道してきた私の経験でいうと、生活保護について報道すると必ずと言ってよいほど「近所に不正受給の人が住んでいる。取り締まってほしい」などの〝通報〟が視聴者から寄せられる。よくよく聞くと、中身は（生活保護を受けているのに）「出前をとっていた」「ブランドの服やバッグを持っていた」「タクシーに乗るところを見た」「飲み屋にいるところを見た」「異性関係にだらしないことを知っている」などという、通報した人が考える〝生活保護受給者のあるべき姿〟とは異なるふるまいをしていた、という話が大半だ。

生活保護は法令で定める基準費に達しなければ働く人間も不足分を受け取ることができる制度だ。しかし生活保護を受けたら働いてはいけないと勘違いしている人も多い。「生活保護を受けているのに働いている」など生活保護制度の無理解による〝通報〟も数多い。

むしろ、他人の私生活の中身を、これほど細かくチェックする通報者の側にこそ、特異な執着の強さを感じるケースが少なくない。

一般論としてこうした差別を容認する人たちは、税金から生活保護などの手当を受け取っている人を「あっち側」の人間とみなし、税金を支払っている自分たちを「こっち側」とし、明確に区別している。受給者の実態を取材してみると「あっち側」と「こっち側」は互いに行き来し、自分自身や家族が「あっち側」に行くこともある世の中なのだが、それを想像できない傾向が強い。

こんな報道がテレビで大量に流され、生活保護を受けている人たちが肩身の狭い思いを募らせている。うつ病を患っている生活保護受給の女性が泣きながら言っていた。「『生活保護についてどう思いますか？』という街頭インタビューをテレビで見るたび、精神的に落ち込み、もう死にたくなる」。彼女のような人はけっして少なくない。こういう人たちの心中を思いやる「想像力」がテレビ番組を送り出す側に欠けているように思えてならない。

メディアスクラムの悲劇

キャスターの不正確で差別的なコメント、一方的で反対意見をいっさい伝えない報道、感情をあおるばかりの姿勢など、本来守るべき放送倫理に照らして違反と思われるケースは挙げればキリがない。表示されるテロップの内容と実態との食い違いも目立った。突きつめると、現在のテレビ報道全般が日常的に抱える危うさ、いい加減さなどの問題が一気に集中したのが生活保護バッシング報道だったといえる。

しかも一連の生活保護バッシング報道の裏づけを欠いた誤報は、生活保護制度を受けている人たち全般への偏見・無理解を広げており、事実上の被害者が多数実在する。にもかかわらずテレビ各局は訂正・謝罪の放送をいっさいしていない。

2012年10月12日午後、BPOの放送倫理検証委員会は、重大な決定を下した。私を含め、生活保護制度やその運用の実態にくわしい研究者や実務家らが「放送倫理違反ではないか」と指摘し、DVDを提出して審議を要請していた民放テレビ各局の生活保護バッシング報道について「不審議」という結論を出したのだ。審議しない、つまり門前払いという結論だった。番組がどう報道するかは各局の「編集権の範囲」だというのが理由だった。

私たちが問題だと指摘したテレビ報道には、先に述べたように明らかな誤報やウラ付けがない根拠不明の情報、河本準一さんの母親の顔写真を本人の了解を取らずに放送したケースなど、通常、報道の世界で「やってはならない取材・報道」に該当する事案が多数含まれている。それが「編集権の範囲」であるならば、テレビ報道は今後、誤報でもウラ付けを取らない報道でも容認され、事実上「何でもあり」になってしまう。

一事を万事としてとらえて、生活弱者の弱みを想像しないテレビのよってたかっての構図は、事実上、特定の社会階層＝生活保護受給者へのバッシング報道だった。こうなってしまうのも、ふだんのテレビの取材のあり方に問題がある。日頃はこうした貧困問題や生活保護制度について地道に取材することなく、タレントがからむ出来事などきっかけがあった時だけ報道スクラムのように一斉に押し寄せる。制度についての理解も乏しく一夜漬けの取材になる。生活保護を受けている当事者についての取材は、街頭インタビューで聞いた伝聞情報か、あるいは「紹介してもらう取材」になってしまう。

これほど時間をかけて生活保護を報じるのなら、せめて、とことん時間をかけて取材し、日本の新しいセーフティーネット構築まで見届け、責任をもって報じ続けなくてはならない。

しかし、その後、生活保護バッシングで形成された世論のまま、2013年8月から2015年4月までの間に生活保護基準（支給額）が3段階に分けて最大10パーセント引き下げられることとなった。このときに消費者物価指数が下がったとして厚労省が理由として示した数字に操作や虚偽があったことが最近になって指摘されている（中日新聞・白井康彦記者などの指摘）。それなのに生活保護に対するネガティブな世論は強まる一方で、2014年7月には扶養義務調査を強化する形で生活保護法が制定以来初めて本格的に改正された。熱に浮かされたような不正確な生活保護バッシング報道は、日本のセーフティーネットの現状まで変えてしまった。

いい加減なテレビ報道は、時にあっという間に制度まで変えてしまうのだ。

なぜかテレビが伝えない話題

数年前、私は東京・新宿区の新大久保で暮らす子どもたちのドキュメンタリーを制作した。新大久保は韓国人だけでなく、中国人、タイ人なども多く住む。国籍は日本でも母語や母文化が違う子どもも少なくない。地域の小学校と商店街が「多文化共生」を合言葉に、信頼の醸成に取り組む。子どもたちが言葉や文化の壁を乗り越える姿を追いかけた。

日韓ハーフの男子児童は「キムチくさい」と同級生にからかわれ悩んでいた。小学校の授業でキムチの歴史を学び、日韓の文化が混ざり合って辛くておいしいキムチが生まれたと知り、自信をつけた。喧嘩ばかりしていた日本人の子どもとも仲良くなった。日本語が分からず孤立していたタイ人の男子はタイ文化を学ぶ課外授業で先生役をやったことで友だちができた。子どもにとって自尊感情や異文化への理解がいかに大切かを目撃した。

この数年、閉塞した状況に人々はいらだち、外国人や少数者への憎悪や差別感情をむき出しにする人たちが目につくようになった。コリアンタウンの東京・新大久保や大阪・鶴橋で繰り返される反韓デモ――憎しみを表に出したヘイトデモだ。朝鮮半島から来た子どもたちに浴びせられる「国へ帰れ」「殺す」などの憎しみの言葉を叫ぶ。

2013年1月に、沖縄県の首長や地方議員がオスプレイ配備の撤回と普天間飛行場の県外移転を求めて銀座をデモ行進した。党派を超えて「沖縄の思い」を伝える画期的な出来事だったが、「非国民」「いやなら日本から出て行け」という罵声が沿道から飛んだ。

沖縄の首長への罵声もコリアンタウンで反韓を叫ぶ怒声も、中心になっているのは「在特会」（在日特権を許さない市民の会）などのネット右翼と呼ばれる団体のメンバーだ。彼らは差別的表現で憎悪をあおりたてている。この前年の終戦記念日、首相復帰を誓う安倍晋三議員が参拝した靖国神社において人の多さで目立ったのも在特会で「韓国人や中国人を追い出せ」と気勢を上げていた。

ネット右翼の活動がこれほど目立つのに、大手マスコミは報道に消極的だ。反韓デモを特集で伝えたのは一部の新聞に限られ、テレビもごくわずかだ。在特会の名もほとんど出てこない。

島根県松江市の教育委員会にたびたび押しかけて原爆漫画『はだしのゲン』の閲覧を制限させるきっかけを作ったのも在特会の幹部などネット右翼と呼ばれる人々だった。ネット上では、彼らが教育委員会の事務局で執拗に職員をつるし上げる様子を自ら撮影した映像がアップされているのに、そうした実態をテレビは伝えない。原発事故の後で盛り上がった首相官邸前の脱原発デモの報道をテレビが開始した時期がかなり遅れたように、テレビの感度は社会の変化に対して相当に鈍い。

ネットでつながり、増殖する「気分」

数年前、韓流ドラマの放送が多いとして、フジテレビに抗議デモが押しかけたことは記憶に新しい。韓流が多いのは韓国政府の工作でフジテレビがその手先として放送しているというのがその理由だった。実情を知らない荒唐無稽《こうとうむけい》な抗議だったが、スポンサー企業も標的になった。

ヘイトスピーチを報道しないのは、報道することでこうした面倒な事態に巻き込まれたくないと〝さわらぬ神〟を決め込んだ姿勢の表れなのかもしれない。あるいは、テレビで報道することで彼らを勢いづかせる恐れがあるという理由もあるだろう。そして、ネット右翼の実態を報道するには相当の取材力と知見、さらに覚悟が必要だ。それでも、「無視」「黙殺」するという姿勢には疑問を覚えてしまう。

私が特派員として駐在したことがあるドイツではナチをまねる行為、総統への敬礼「ハイル、ヒトラー」のポーズなどは刑事罰の対象だ。特定の人種や民族への差別、排撃をあおる行為も同様である。ネオナチの様々な行動はテレビでも批判的に報道されていた。日本ではヘイトスピーチが犯罪として取り締まりの対象ではなく、ほとんど報道もされないのとは対照的だ。

テレビが「報道の王者」として絶対的に君臨する時代が続くならば、無視することで活動の拡大を防ぐという理屈も一理あったかもしれない。だがネット時代の今、見当違いの憎悪もSNSを通じて拡大していく。無視しても黙殺しても、ネットという独自のツールを手にした彼らはデモの映像などを次々にアップしていく。こんな状況では黙殺に効果はない。

彼らが「敵」として名指しするのは、在日、中国、韓国、北朝鮮、生活保護、パチンコ、沖縄、左翼、大学、マスコミなどだ。おそらく今の国民のなかにある、ある種の「気分」を映し出している。反知性主義ともいえる「気分」だ。反知性主義とは、作家の佐藤優《まさる》氏の定義によると「実証性や客観性を軽んじ、自分が理解したいように世界を理解する態度」(「『反知性主義』への警鐘　相次ぐ政治的問題発言で議論」『朝日新聞』2014年2月19日)のことを指す。これまで学問やジャーナリズムなどが積み重ねてきた知見を時に無視し、歴史的な事実さえ平気でねじ曲げる。自分とは主張が違う人間を「朝鮮人」などとレッテルを貼り貶める。

残念ながら、実際のところ大学では在特会などの主張に共感する学生も珍しくない。ならばメディアが伝えるべきは、ヘイトデモやヘイトスピーチの実際の姿や参加者の実態、背景などだ。参加者はネットでつながり増殖している。異質な存在を排除し、共生を認めない社会では、知性的な思考や寛容さを失った先に、障害者や性的少数者、高齢者さえ排除の対象とする兆しが予想される。

事実、昨今視覚障害者への暴行や盲導犬を傷つける事件が相次ぎ、ネットではそうした暴力を正当化する声も増えてきた。

さらに2014年8月11日、アイヌ民族が今も少なからず住んでいる北海道の中心都市・札幌の市議会議員が「アイヌ民族なんて、いまはもういない」とツイッターでつぶやいた。アイヌ民族は先住民族だと政府が認めているにもかかわらず、本来社会常識を人一倍持っているはずの政治家の一員でさえ、そうした〝反知性〟の言葉を口にする。事態は深刻である。

大島渚が見せつけたメディアの原点

2014年1月12日の深夜、『NNNドキュメント'14』で放送した番組は視聴者に衝撃を与えた。モノクロながら、画面に大映しにされたのは、手や足がなく、金属状の義手や義足をつけた人、両目がない人の目元のアップ、ただれた口元などなどだった。

50年あまり前の1963年8月16日に放送された日本テレビの「ノンフィクション劇場」というドキュメンタリー番組枠で放送された作品の再放送だ。演出したのは前年1月に死去した映画監督・大島渚だった。その作品そのものを関係者や識者による回想インタビューなどにくるんだ形で、「反骨のドキュメンタリスト――大島渚『忘れられた皇軍』という衝撃」として番組で放送したのだ。

『忘れられた皇軍』は、フィルム時代の伝説的なドキュメンタリーとして知られ、私も名前を聞いたことはあっても実際に見るのはこれが初めてだった。

『忘れられた皇軍』とは日本軍の兵士として戦争で戦ったり軍属として戦地で労働し、その末に敵の攻撃によって、手足を失ったり、失明したりした韓国人たちの活動を追うドキュメンタリーだ。

その番組内では、かつての大島と同じようにテレビのドキュメンタリーも作り、劇場映画も作っている映画監督の是枝裕和《これえだひろかず》が、大島の志をこそ今のテレビに求めたいとしてこう発言している。

「社会全体のなかで多様性というのが失われてきていて、どんどん（中略）ナショナリズムに回収されてきている。人々の心情が。で、それがある種の救いになってしまっている（中略）だから8割の人間が支持するのであれば、2割の側で何ができるかということをやっぱりきちんと考えていくメディアだと僕は思っている」

是枝が言う通り、メディアには少数者への想像力が必要だと思う。それが次第に失われていくなかで、少数者を「いない」ことにしてしまう空気が強まっている。ジャーナリズムが見ないふりをし、黙殺している間に、社会の流れが取り返しのつかないところまで進んでしまうことは過去の歴史が教えている。

小さな声を伝えること、多様さ、寛容さを取り戻すこと。それこそテレビが今求められていることだと思う。

山本美香というジャーナリスト

本章の最後に、そうしたテレビの課題を自ら実現しようとしていた一人のジャーナリストを紹介する。

2012年8月21日朝、テレビをつけたら、シリアのアレッポで日本人女性ジャーナリストが銃撃を受けてケガをし、病院に運ばれたと報じていた。戦争取材を経験した人間なら想像がつくが、アレッポはシリア政府軍と反政府軍が死闘を繰り返す、地球上でもっとも危険な場所のひとつだ。

「そんなところに日本人ジャーナリストが、しかも女性……。まさか、あの人では？」と一瞬、その顔が頭に浮かんだ。しばらくしてニュースで「ケガ」が「死亡」に変わり、中東のアルジャジーラテレビが遺体の映像を流したという報が流れた。そして、まもなく死亡者の名が出た。悪い予感は的中した。山本美香さんだった。

彼女とはテレビ特派員として紛争地域を取材している頃に出会った。同時多発テロの後、アメリカによるアフガニスタン空爆とタリバン政権崩壊時のカブールで、あるいはフセイン政権を崩壊させたイラク戦争直後のバグダッドで、ともに取材をした。

どちらも戦闘状態がまだ続き、権力の空白による混沌で、外に一歩出るのも命がけの現場だった。当時、日本テレビ系列のベルリン特派員だった私はこうした紛争地に志願して赴いていた。銃声や爆発音が鳴り響く環境で、山本さんも私も広い意味で「日本テレビ取材チーム」の一員として同じ仲間として共に飯を食べ、取材の打ち合わせをした。

フリージャーナリストが集まったジャパンプレスという団体に所属する山本さんは、同僚で私生活上のパートナーでもある佐藤和孝さんと共に、ある時期から日本テレビの紛争取材には欠かせない存在になっていた。戦闘状態やテロの危険性などを冷静に分析して用意周到に行動する2人の様子は、戦争取材に慣れていなかった私たち記者にとっては見ているだけ、会話をするだけでも勉強になった。

テレビ局の社員は、戦争開始などで現地情勢が不穏なものになって日本の外務省が危険だと警告すればすぐに本社から退去命令を出される。それに比べ、山本さんたちフリーはテレビ局にとっては例外扱いで、戦争のど真んなかを目撃して報道することができた。それが私にはうらやましかった。正直に言えば、少々うとましくもあった。なぜならジャーナリストとして同じように報道の仕事をしているのに、もっとも危険だが、もっとも醍醐味のある戦闘のさなかの現場はフリーの人たちがいわば独占し、社員は撤退を余儀なくされ、立ち会うことができない。フリーに問題があるのではなく、そのような使い分けで社員の安全ばかり優先する会社組織に対する「うとましさ」だった。

社員である戦場ジャーナリストが戦争開始から終結まで現地で報道するのが一般的な欧米のマスコミと比べ、日本のマスコミの、ふだんは社員が前面に立つのに危険なときだけ体よくフリーまかせにするダブルスタンダードのやり方に違和感を覚えていた。

「戦争などもっとも危険なタイミングでの現地報道は、仮に戦闘に巻き込まれて命を落としても補償が出ないフリーではなく、いざとなると会社が補償してくれる社員こそが、担うべきではないのか?」。そんなふうに私は感じていた。その思いは今も変わらない。

2011年の福島第一原発事故直後の放射能汚染地域で政府の避難指示情報などがちゃ

んと伝わらないなかで原発周辺の線量を測定する報道をしたり、高線量の被曝地域に居残っていた住民を発見し避難させたりしたのは、少数のジャーナリストたちだった。組織ジャーナリストもごく一部はいたが、大半がフリーの人たちだった。メディア全体として報道の責任をちゃんと果たせたのかと問われたらはなはだ心許ない。

　原発事故でフリーの人たちを中心に一部のジャーナリストたちが明るみに出そうとしたのが福島の放射能汚染の実態だったとすれば、シリアで明るみに出そうとしたのが子どもや女性への無差別な殺戮、あるいは暮らしを武力で奪う独裁体制や戦争という理不尽だ。どちらもジャーナリストが現場に行かない限り、問題を伝えられない。山本美香さんが銃撃される少し前に撮影した映像には、銃声の響く街で若い夫婦が赤ん坊を抱えて歩く姿が映し出されている。「ベイビー！」。思わずつぶやく山本さんの弾んだ声が聞こえる。戦禍にあっても人々はそこに暮らし、赤ん坊を育てながら生きている。日本で暮らす私たちとまったく変わらない人間の営みがアレッポにもある。ニュースで通常映し出される銃撃戦の映像だけではけっして伝えられない雄弁な映像だ。この現実を伝えるために山本さんはあそこにいたのだということが伝わってくる。

「いつか一緒に戦場の子どもたちを主人公にしたドキュメンタリーを作りましょうね！」。

山本さんと最後に会ったとき、そんな会話で意気投合した記憶がある。今となっては空約束になってしまった。

かよわき者をいとおしむ精神

山本美香さんは過酷な現場にいても笑顔を絶やさなかった。現地で会ったときには日本人だと分からないように、イスラム女性のように長いベールで頭や顔を覆っていた印象が強い。土ぼこりが舞う殺伐とした戦地では穏やかな美しさがひときわ輝いていた。

山本さんとすごく親しかったというわけではない。でも、ときおり会って話をすると波長が合った。私自身も戦地の周辺にいる子どもたちにカメラを向けて取材していたからかもしれない。山本さんは苦難を強いられる女性や子どもたちの境遇に強い関心を持ち、意識的にそうした「弱い立場」の人間たちを取材していた。彼女の口から出てくるのは取材で出会った、混乱のさなかでも学ぶ喜びを失わない子どもたちや圧政の下で虐げられる女性への共感だった。

戦闘地域や難民キャンプなど、人々が憎しみ合い、殺し合い、争って生き延びようとする現場。そこでは、まず命が最優先で、次に水や食糧、金、ガソリン、さらに安全なねぐらが大切になる。健康や勉強などは二の次だ。そして明日は分からぬ運命が、生存と直結して人々を争わせ、蹂躙《じゅうりん》し、翻弄する。食糧やガソリンのために人は争い、殺し合う。

一方、文字や歌を学ぶ手作りの教室では子どもたちの笑顔がはじけていた。子どもも、女性も、そんなところで生き生きとした姿で生きていた。この社会の変動がもっとも過酷な形で現れるのは戦争だろう。それが女性や子どもという力の弱い存在に容赦なく襲いかかる。山本さんが子どもの姿にこだわったのは、小さな目に映るこの世界の姿を大人たちに見せたいという強い思いの表れだったと思う。

かよわき者の立場、それをいとおしむ心。言い換えるなら、それは「ジャーナリスト精神」そのものと言えるかもしれない。戦地での様々な「生」に共感しつつ、山本さんは、銃弾が飛んでこないのに生きている実感や幸福感を持てない日本という社会を、重ね合わせていたようにも思う。

今も世界のあちこちで砲弾の炸裂音や銃声が止むことがない。シリアでも、イラクでも、ウクライナでも、イスラエルのガザでも、圧政との闘いや殺し合いがあり、そこで生きる人間がいる。そんな社会の断崖、体制移行に向かう歴史の裂け目、あるいは人間の限界点を見つめてみたいというこだわりは、ジャーナリストの業でもあり、本能でもあるのかもしれない。そういう場こそが、世界とつながっている。そこから世界や日本のありようが見えてくるのだ。

山本さんが亡くなった今になって、そんな危険な場所には行くべきではなかった、などという発言がテレビから聞こえると、ジャーナリストという仕事を理解しようとしない無神経ぶりに腹が立つ。報道機関で働いている人でさえ、そんなことを言う。たとえ一番危険な場所であっても、そこに生きる人たちがいるからこそ、山本さんは伝えたかったのだ。目の前の人たちと向き合いながら、自分に何ができるかを自問する。それが山本美香というジャーナリストの魂のありようだった。それはけっして山本さんだけの魂ではない。この仕事に携わる者たちが等しく備えるべき感受性だと思う。

テレビで伝えるジャーナリストにとって、彼女の魂はしっかり自分の胸に刻んで、先へと進む際の羅針盤にすべきものだろう。

第6章
テレビの希望はどこにある？

最近のテレビはつまらなくなった？

テレビはかつて「びっくり箱」だった。視聴者はそこから新しいものに触れることができた。驚きがあった。興奮があった。時代の先端があった。スイッチをつければ見知らぬ世界に連れて行ってくれた。

いつしかテレビは作り込まれ、無駄のないものになった。視聴率グラフに表れる刹那的な面白さを絶えず計算するものになってしまった。

かつての名番組を見てみると、「間」の面白さに思わず引き込まれてしまう。『8時だヨ！全員集合』『コント55号の裏番組をブッ飛ばせ』『オレたちひょうきん族』などがそうだ。笑える芸やジョークそのものだけでなく、途中の表情やテンポの可笑しさが存在する。『全員集合』も『ひょうきん族』もかつて俗悪番組の代名詞でもあった。どうせテレビなんだから面白くやろうよ、という野蛮さや奔放さに満ちていた。ところが今やテレビは「ご立派なもの」になった。

コンプライアンスという言葉の徹底で、表面上は世間や政治家などから「怒られない存在」（マツコ・デラックスの表現）であろうと細心の注意を払っている。番組の中身もそうだが、放送する放送局そのものもご立派な職場になった。

保身に走ろうとする人間たちが増えて、計算が先走り、新鮮な表現はなくなった。どこかお約束ばかり多いメディアになった。「マニュアル主義」が闊歩《かっぽ》し、番組の企画も成功体験を重視して失敗しないような無難な企画ばかりが選ばれる。

結果として、作り込んではいるが、冒険心や新鮮さを感じられない予定調和の番組が増えてしまった。同じことはニュースを中心にした報道全体でも言える。記者たちは地上波をはじめ、CS用、BS用、ネット配信用といつも原稿作成の作業に追われてすっかり余裕がなくなった。さらにコストパフォーマンスが徹底されて、経費や時間の無駄のない番組を作らざるを得なくなってしまった。

テレビ報道も一見、次々に限界を突き破って進んでいる。皇太子ご成婚パレードの生中継、東京オリンピック開会式、人類の月面着陸、あさま山荘での攻防、天安門事件、ベルリンの壁崩壊、湾岸戦争、国際宇宙ステーションからの生中継、そして、大津波と原発の爆発。かつては放映できなかった事象がテレビで中継までされるようにもなった。人間同士の究極の殺し合いである戦争も含めて、映像の放映や生中継できないものはないというほど、テレビはどこからでも何でも瞬時に送り出す。かつてカメラが簡単には撮影や伝送できなかった場所からも映像を送ることができるようになった。

しかし皮肉にもその結果、事件や事故そのものは予測不能で起きたときにはセンセーショナルであっても、その伝え方や報道のパターンがワンパターン化していて、次に何が出てくるかが予想できてしまう時代になっている。砂漠に囲まれたアルジェリアの天然ガス関連施設で起きた日本人らの人質事件でも、そろそろプラント内の映像が出てくる頃だろうか、と思っていたらニュースに事件当時のプラント内映像が登場した。ボーイング787型機の緊急着陸のニュースが報道されたと思うと、続報で着陸時の機内映像や脱出直後の乗客や乗員の映像が流される。

こんなふうにテレビで日替わりで報道されるセンセーショナルな事件の数々に一種の既視感が生まれてしまう。発生当初は興味深くても、関係者以外にとってはあっという間に興味を持てなくなる。視聴者は何かあると一瞬目を留めるが、一度見るとどこかで見た光景だとすぐさま見飽きてしまう。

丸め込まれる音声

映画監督の是枝裕和は、テレビドキュメンタリーを皮切りに映像表現の世界に入ったため、今でもテレビディレクターとしての自意識は強い。あるとき、是枝とこんな話をしたことがある。ドラマやドキュメンタリーの音声についてだ。多くのテレビ作品では、ミキシングという音声の仕上げ段階になると、シーンごとの音声を「丸める」作業をする。1つのシーンが終わり、別のシーンに移る際、細かく音をチェックしていると、シーンの変わり目に向かって音声がフェイドアウトされているケースが多い。ミキサーが何も言わずともそうやって音声を絞っているのだ。一般の視聴者からすれば違和感が少なく、耳障りがしない。シーンがひと区切りつき、音もオフになって気持ちよく次のシーンへ向かえる。

だが、是枝はこれはおかしな風潮だと憤っていた。実社会におけるあふれる音にはフェイドアウトなどはない。音同士がぶつかりあって違和感を残すものがあっても良いではないか。耳障りのないフェイドアウトはかえってリアリティーがなくなる。なんでもかんでも自動的に音を丸めてしまうというのはまるで工場のようだ。手作りであるべき作品が工業製品のようなもので良いのか、というのだ。

ミキシングの際に音声ミキサーが注文もしていないのに音を丸めるのは、完成度の高い作品を作ろうとする意識の表れだ。しかしこの完成度とは一体誰のための完成度なのだろう。

テレビ番組の出演者も1人や2人にじっくりと深く話をさせるのではなく、7人も8人もひな壇に座らせてトークさせてVTRで収録し、面白い部分だけを短く切り刻んでスキのないテンポの笑いを作り上げる手法が今のテレビでは主流だ。制作者はこれで視聴率グラフが下がることはないだろうと安心できるが、他方でこぼれ落ちていくものがある。

それが先に述べた「間」であったり、「行間」という言葉に置き換えられるものだ。あるいは無駄や余裕とも呼ぶべきリアルな人間の温もりのようなものといえるだろう。是枝の言う「リアリティー」も同じだ。生の事実が持つ、もっと整理されていない猥雑《わいざつ》さ、それがテレビから消えてしまっている。

草創期の制作者たちはテレビを指して「お前はただの現在にすぎない」と言い切った(萩元晴彦、村木良彦、今野勉各氏の著作から)。だが、今のテレビは整理されすぎていて「ただの現在」のリアリティーさえ映し出していない。「ただの現在」さえ伝えられないくせに、表面的な完成度ばかりを求める作り方に視聴者も飽きを感じている。

インターネットの台頭ばかりがテレビ衰退の原因だとは思えない。むしろテレビの内側の人間たちがテレビを型枠に押し込めてしまうような環境を作ったともいえる。こうした状況のなかで、テレビの希望は果たしてどこにあるのだろうか。

希望の光

私が長く制作者としてかかわった日本テレビの『NNNドキュメント』は、1970年に始まった民放最長寿のドキュメンタリー番組だ。局外の人たちからは「日本テレビの最後の良心」という賞賛を頂戴することが多かった。様々なテーマについて、その歴史や現状、国家の政策がもたらす理不尽を、翻弄される市井の人たちの側から描くことが多い報道ドキュメンタリーである。日曜深夜の遅い時間帯の放送で視聴率数パーセントでも、「ながら視聴」ではなく、テレビ受像機と一対一で差し向かいで見てくれる視聴者がほとんどだ。放送の後には毎回、「こういう良い番組がなぜゴールデンアワーに放映されないのか。もっと早く放送できないのか」という要望やお叱りの声が山のように寄せられる。

そんななか、『NNNドキュメント』はその時々の幹部から「それなりの視聴率」を求められたり、『『古くさい反権力ポーズの問題提起型』から脱皮して『明るい希望を見せて元気が出る』枠に」などとマイナーチェンジを求められたり、と紆余曲折を経て、現在も存続してテレビジャーナリズムの一翼を担っている。だが、その時々の環境次第ではこの先どうなるかは誰にも分からない。会社の外で意義ある番組だとどれほど評価されていても、民間会社で放送している以上、経済的な合理性や局内事情（たとえば深夜帯で新しい若者向けの番組を開発するなど）、あるいは経営判断次第で、ある日、突然消えてなくなることもあるのかもしれない。

しかし、系列の地方局にとってこの枠は自前のドキュメンタリーを全国放送する数少ない機会だ。番組枠がなくなると全国発信の場も極端に狭まってしまう。

一般視聴者もこの枠がなくなると困る人はいるだろう。なぜならドキュメンタリーを通じて、世の中で起きているリアルな現実を初めて知ったという人は少なくないからだ。最近は若い世代でもドキュメンタリーへの関心が強まっている。潤沢な予算の『NHKスペシャル』でもやらなかったような問題について地方局が継続報道の積み重ねから提起している回もある。民放で数少ないドキュメンタリー枠への支持は視聴者からの毎回の反応でもうかがえる。

民放発・地方発の優れた番組はこれだ

テレビ批評をする立場になってみると、あらためてNHKの番組、特にドキュメンタリー番組の質の高さには驚かされる。看板の『NHKスペシャル』をはじめ、『ETV特集』、

『地方発ドキュメンタリー』『クローズアップ現代』『ドキュメント72時間』など、毎回キラリと光る内容が続く。制作者たちと話してみるとこだわりを持った優秀な制作者が東京以外にも散らばっている。ことドキュメンタリーに関しては優秀な制作者の層の厚さはとても民放の比ではない。

一方、人材や予算、機材などが比較的潤沢なNHKに比べると、民放テレビのジャーナリズムは、NHKがやらない分野で調査報道を行うなどテレビ報道の全体を見回して補っている面がある。民放の地方局とキー局の両方にいた私の経験でも「この問題はNHKがまだ手をつけていない」などと、絶えずNHKとの棲み分けを意識してきた。「NHKが正規軍なら、こちらは竹やりのゲリラ部隊」「NHKがやらない分野の隙間産業」などと自らを揶揄《やゆ》して取材していた。向こうがやらない分野で勝負するぞという姿勢だった。

確かに民放の調査報道はNHKに比べてスケールでは見劣りする場合が少なくない。予算も人材も時間もかけられるNHKにまっこう勝負してもかなわない。

しかし、NHKは民放以上に「公正・中立」が国会などでたびたび論議の対象になるため、国家権力や企業相手の告発モノはドキュメンタリーにしづらい。また、冤罪事件を判決前に番組で放送したり、特定企業にかかわる問題をドキュメンタリーにすることもやりにくく、立場によって意見が分かれる問題で告発者など一方の当事者の側から描くことや、時の政権を正面から批判する番組も作りにくい。

民放の場合、こうしたケースでも場合によっては番組にできる。もちろんスポンサーという別の制約もあるが、それを超えられれば可能だ。

NHKで作れず民放だから出来た作品としては、トヨタ社員の過労死訴訟を追ったドキュメンタリー『夫はなぜ、死んだのか――過労死認定の厚い壁』（毎日放送、2007年）や、沖縄県でオスプレイ着陸用のヘリポート建設に反対する住民たちの阻止運動を長期取材した『標的の村――国に訴えられた東村・高江の住民たち』（琉球朝日放送、2012年）が代表例だ。

『NNNドキュメント』でも「自衛隊におけるいじめ自殺」や冤罪について意欲的なドキュメンタリーを放送しているほか、安倍首相に近い山谷えり子議員（拉致問題担当相）らの政治家が性教育の現状を行き過ぎだと問題視した性教育バッシングに焦点を当てた『ニッポンの性教育――セックスをどこまで教えるか』（中京テレビ、2013年）もおそらくNHKで作る以上に政権批判の毒がある作品だった。

このように民放の番組でジャーナリズムを発揮するのは、東京キー局より地方局発が目につく。もちろんTBS『報道特集』など、ジャーナリズムを強く意識する東京発の番組もあるが、優れたドキュメンタリーでは地方局作品が圧倒的に多い。

他にも、愛媛県の南海放送が制作した『放射線を浴びたX年後　ビキニ水爆実験、そして…』は、1954年にビキニ環礁《かんしょう》で行われた水爆実験で放射能被害に遭った漁船員のその後を取材した。水爆実験といえば「第五福竜丸」が象徴的だが、他にも被曝《ひばく》した漁船が全国に100隻ほど存在していた。漁師たちの消息を訪ねると早い時期に多くががんなどで死亡していた。調査したのは、高知県の高校教師らのグループだ。南海放送はその活動を追って深刻な実態を浮かび上がらせた。日本テレビ系の『NNNドキュメント』で2012年に全国放送して話題を呼び、現在は『放射線を浴びた［X年後］』として映画化されて新たな反響を呼んでいる。

2013年に放送された地方局の番組でも、鉱山労働やアスベストによる「塵肺《じんぱい》」の患者たちと専門医師を追った『死の棘《とげ》――じん肺と闘い続ける医師』（静岡放送）、障害や非行などの問題があっても一人ひとりの子どもたちの居場所をつくり、障害のある子どももも区別せずに互いを思いやる教育を実践している公立小学校の奮闘を描いた『みんなの学校』（関西テレビ）、山奥に移住してきた若者と限界集落の老人たちとの交流を描いた『にぎやかな過疎――限界集落と移住者たちの7年間』（テレビ金沢）など、地方発ドキュメンタリーが各賞に並び、地方発のテレビジャーナリズムが健闘している。

なぜ地方から優れたジャーナリズムが生まれるのか

民放の場合、東京キー局の社員は何千倍という難関から選び抜かれた秀才が多く、仕事を処理する能力が優れている。コンピューターにたとえるなら超高スペックマシーンだ。にもかかわらず、なぜ地方民放局から優れたドキュメンタリーが生まれるのか。それはテレビ報道の構造と密接にかかわっている。

東京キー局は霞が関（中央省庁）や永田町（国会）、丸の内（大企業）などの「中央」を主な取材対象としているため、地域で生きる人々の実生活に注意が向けられない。また全国放送は、日々、大きなニュースが入れ替わり、1週間前に騒がれた出来事はすぐに忘れられる。記者の異動も頻繁で、個々の記者がひとつのテーマを継続して追いかけるのは難しい。

一方で地方局の記者はたくさんのニュースが頻繁にあるわけではないので同じテーマを追い続けるしかない。何度も同じテーマを取材して報道する。気がつけば特定の分野に関しては中央の記者以上にくわしくなっている。さらには地方の制作者には地域への愛情が強く、地域の問題を解決したいというこだわりも強いという点が挙げられると思う。

こうしてスペックが抜群でなくとも、愚直にその地域で起きていることを追うなかで、問題を発見し、国全体に通じる構図を浮かび上がらせる。そんな仕事を得意にしている記者やディレクターが地方には少なからずいる。一人ひとりの顔が見える地域で人々に寄り添って取材することで制作者としての意識が深まり、ジャーナリストとして育っていく。こうして民放がジャーナリズム精神を発揮するのは主に地方から、という流れが出来る。

「国の矛盾はまず地方で芽を出す」

私の経験でも、地方の出来事から全国的な問題につながったケースはたびたびあった。北海道で生活保護を受給できずに餓死したシングルマザーの事件を追うと背景に全国的な生活保護の抑制策が浮かび上がった事例、准看護師が准看護学校卒業後も同じ医療機関に勤め続ける「お礼奉公」という習慣を北海道で追うと全国的な医師会主導の看護教育のゆがみが見えてきた事例などだ。

「国の矛盾はまず地方で芽を出す」。これは共同通信で編集局長をしていた原寿雄《としお》氏があるとき、私に語った言葉だ。地域で起きた出来事の背景を探っていけば、「国の政策の矛盾」をあぶり出すことができると原氏はアドバイスしてくれた。地方の人や出来事を見つめるドキュメンタリーは調査報道としての普遍性を持つ。それはジャーナリズムの本来的な役割でもある、

このように民放のテレビジャーナリズムは地方が担っている現実がある一方で、日々の主要ニュースや情報番組の現実は「東京目線」がますます強まっている。朝の情報番組で数年前まであった地方発の中継コーナーは低視聴率のために姿を消した。全国放送に地方の多様性を運んできた中継などが消え、今やどの局も東京発の情報一辺倒になっている。

民放では、全国放送の番組でも関東の視聴率が営業的な指標とされるため、制作現場は「関東の人間にいかに見てもらえるか」を強く意識する。その結果、福島県などの地方でニュース番組を見ていると「除染が進まない現状」などを特集するローカルニュースの前に、東京発の全国放送で「首都圏で大型アウトレットモールが出現して長蛇の列」といったお気楽なニュースが長々と放送されることになる。ニュースの価値から言うと、関東ローカルの〝話題〟に過ぎないものが全国ニュースの貴重な枠で放送される。全国ニュースを送り出すキー局の制作者が主に意識するのは〝関東（首都圏）の視聴者〟であり、〝地

方の視聴者〟がどう受け止めるかは二の次なのだ。

第2章で述べたように、NHKでさえ最近では『ニュースウオッチ9』を筆頭に、視聴率が期待できる商品情報などの〝話題〟が前半に来る「民放的なニュースの並び」が一般化している。分かりやすさが求められ、記者が歩きながらレポートする形式も民放からNHKに広がっている。視聴率主義は、民放キー局、NHK、民放地方局にまで蔓延する。いきおい「お堅いニュース」「分かりにくいニュース」の時間は削られ、新しい商品に関する情報やショッピングスポットの情報などお気楽な〝話題〟に時間と労力が割かれる本末転倒な状態が全国的に広がっている。

そんななかで期待を寄せるべきものとしたら、個々の記者やディレクターたちの問題意識だろう。社説がありオピニオン機能のある新聞と違って、テレビに「社論」というものはない。社によって姿勢の違いがあるにせよ、個々の取材現場では問題にならないに等しい。事実を取材し、事実を並べて報道する限り、どんな思想の経営トップも口を挟みにくい。

民放であれば、ドキュメンタリーなど地方発の放送枠を増やして調査報道を拡大し、リアルな事実を積み重ねて報道を続けていくこと。それ以外にテレビジャーナリズムを充実させる道はない。

NHKが示した地道な調査報道

原爆を描いた漫画『はだしのゲン』の図書館からの撤去など、「政治的中立性」を口実に表現の自由すら制限しようとする風潮が全国的に広がっている。そんななか、テレビのジャーナリストたちが意地をみせた事例がある。NHKは2014年4月21日夕方の『首都圏ネットワーク』と『ニュース7』で、全国の自治体に対してアンケート調査した結果を報道した。

それによると、脱原発や護憲等の講演会や集会に対して、それまで行っていた公民館などの施設貸出や後援を取りやめる自治体が相次いでいる実態が分かったという。ニュースでは「〝政治的中立〟への配慮相次ぐ」という見出しの後、憲法や原発などを考える講演会等に自治体が「政治的中立性がない」として協力せず、国民の知る権利を制約する空気が強まっていることを伝えた。

ニュースでは大きく扱われたわけではないが、社会の雰囲気を「可視化」させようとする着眼点で、記者の思いがこもった一種のスクープといえよう。アンケートを集めた地道な調査報道だった。

こうした調査報道からは、テレビジャーナリズムを担う人間の意地と矜持が見える。その意識が現場に残る限り、テレビジャーナリズムが死ぬことはない。

ＮＨＫでも民放でも報道や番組制作の制約は次第に大きくなっていることは確かだ。報道番組に関してはちょっとしたミスがあっても命取りになる時代だ。それでも、いつの時代にも国民のためにいい仕事ができるかどうかは個々の人間たちの意識にかかっていることに変わりはない。

テレビは「しょせんマスゴミ」か？

今、テレビをめぐる環境は、インターネットの出現で「激変」といえるほど変容している。テレビの映像がどんどんＹｏｕＴｕｂｅなどネット上にアップされる時代だ。テレビ受像機の前に座ってリアルタイムで見るなどというのはワールドカップの日本戦など、ごく限られた番組しかなくなってしまった。

大学教員として、日々、若者たちと接していて驚かされるのは、「テレビを見ない」という若者たちの急速な拡大だ。「自宅にテレビがない」という若者も少なくない。話題になった番組でも「ふだんテレビを見ません」「ＹｏｕＴｕｂｅで見ました」などという反応が返って来る。

物事の背景事情を理解しようとしたり、理詰めで考えたりせず、「好き嫌い」で瞬時に判断する傾向もどんどん顕著になっている。

少し前までテレビ局の内側にいたときには気がつかなかったが、テレビの人間たちが命を削るように制作している番組を「見てない」と言う人たちが外側では増加している。その増加ぶりはテレビで働く人間たちの想像以上だ。見ていない分、生半可なネット世論そのままにテレビを論じたりする。

「テレビはしょせんマスゴミですよね」

「テレビって何かを煽る道具でしょう?」

「スポンサーの言いなりでしょう? どうせ……」

「有力政治家の宣伝機関でしょう?」

これらは実際に私が学生から受けた質問の数々だ。中身をきちんと見ているわけでもないし、番組の良し悪しを見分ける理解力もまだ乏しいのに、総論で「テレビはマスゴミ」などと一刀両断に切り捨てる。想像力が乏しい、反知性的な若い世代が広がっているとつくづく思う。

とはいえテレビの役割がけっして小さくなったわけではない。むしろ、以前よりも中身が問われ、戦略的に見せていかねばならない時代になっている。確かに劣化が進んでいるとはいえ、テレビほど、時間や費用をかけてニュースやドキュメンタリーを取材し、国民に提示できるメディアは他にはない。記者たちもまがりなりにも職業ジャーナリストとしての訓練を受けて仕事を行っている。

もしも国民がテレビに対する信頼を完全に失って、ネットメディアしか存在しない状況になったらどうなるだろう。たとえば誰でも参入できる「インターネットテレビ」には、現状では極端に排外的な思想を煽動するような論調のものや、個人の人権侵害を平気で行う悪意に満ちたものも少なくない。

こうした時代だからこそ、今は資金面でも突出し優れた人材が集まってくるテレビというメディアには、人々が健全な知性と感性を得るための防波堤の役割が求められている。

ここまで様々な形での内側から見たテレビの劣化について記してきた。私が留意したことは、現在テレビで働いている人たちが置かれている環境を理解した上で彼ら自身にもそうだよなと頷いてもらえるような指摘を重ねることだった。

ちまたにはテレビを見もせずに批判したり、メディアとしての役割は終わったかのように断言する言説があふれている。だが、ネット上の「マスゴミ論」に象徴されるように、大半はテレビの現場について知りもしない人たちが自らを高い場所に置いて「だからテレビはダメだ」「もう時代遅れだ」などというものばかりで、私自身も違和感が大きいものだった。テレビの内情や実態を知らない批評は時に空論に近いものも数多く、現場のテレビの人たちの心には届かないものも少なくない。

私のようにインターネットで記事を書いていると、テレビに関する記事は反響が大きいことがよく分かる。テレビを見ないなどと言っている若者たちさえ、テレビの話題に熱中し、テレビ局のスキャンダル記事には目を留めてよくクリックしている。やはり日本国民はテレビのことが大好きなのだと思う。あるいは好きではないにしても相変わらず「気になる存在」なのだと感じる。

今も変わらない羨望や好奇心の対象であると同時に軽蔑の対象でもある。それがテレビだ。

けっきょくは、テレビというメディアは人間が作っている。今起きている劣化も、そこで働く人間たちが想像力や感受性を広げ、問題意識を深化させることでしか止める方法はない。最初はたった一人の声が発端になったとしても、あるいは人口の少ない地方からの報道でも、かかわる人たちがその気になれば世のなかを動かすことも可能だ。それほど影響力が大きく瞬時に波及するメディアは、テレビをおいて他にはない。

つくづくテレビは奥が深い。

あとがき

この本では、一般の視聴者とテレビ、特に報道の現場をつなぐような文章、両方を結ぶ通訳になることができないかを志向してみた。「内側」を伝えることで、こういう事情だからテレビの報道がこうなっている、こんな限界がある、だから、こういうふうに読み取ればいい、と視聴者のみなさんに理解してもらうことを意識した。

最後に、これからの若い作り手への言葉で本書を締めくくりたい。

ニュースやドキュメンタリーの仕事は様々な事実にその都度ぶつかり、さながら「旅人」のような作業かもしれない。しかし、本文中に書いた通り、時に「事実」は向こうからやってきて、取材者自身をも巻き込んでしまう。われわれの仕事は、そのなかで何を拾い集めていくのかが問われているだけだ。

社会や人間に肉薄し、世のなかを理解できる。事実に忠実に伝えようという気概がある人ならば、これほど刺激的でわくわくする仕事はないだろう。

先に述べたように、テレビが誕生して60年超、テレビの劣化は大企業病とも無縁ではない。テレビ局は確かにご立派な会社になり過ぎた。日々放送される数々の番組は音楽や字幕にいたるまで装飾が細かく行き届いていて、さながら巨大資本による遊園地のアトラクションを毎度送り出しているようなものだ。一見、見た目では隅々まで行き届いた完璧な商品に見えるが、後で振り返ってみれば、根本的な「想像力の欠如」が露わになった欠陥商品も少なくない。

「号泣議員」のような〝小さな物語〟で他局に勝つことに汲々とし、「解釈改憲」のような〝大きな物語〟を伝えようとする問題意識を失う。ジャーナリズムとして権力に敗北し続ける。残念ながら、それがテレビの現在の姿だろう。

テレビに命を吹き込み、かつてのような「夢」を持てるまでに回復させるには、人間の感受性や理性を込めて放送していく、という地道な手作業しかないだろうと思う。

この本を読んでくれた若い人たちが、一人でも多くテレビ報道の現場で活躍することを願っている。事実や社会と向き合って丁々発止する作業は何よりもワクワクする。自分が伝え手として発信する仕事はこれ以上ない責任感で背筋が伸びる思いがする。

そんなふうに感じるアンテナを持った後輩たちがテレビへの希望を捨てず、時に世間をハッとさせるような仕事を続けていってほしい。

最後に、この本の出版を強く勧めてくれた朝日新聞出版の大坂温子さんに深く感謝したい。ネット上に無差別に書き散らした駄文を一冊にまとめる一方、怠惰な著者を励まし続けたこの編集者との出会いがあったからこそ、この本がみなさんの手に届くことになったのだから。

本書は「Ｙａｈｏｏ！ニュース個人」、朝日新聞デジタルの課金制の言論・解説サイト「ＷＥＢＲＯＮＺＡ」、『Ｊｏｕｒｎａｌｉｓｍ』（朝日新聞社）に掲載された記事をもとに、大幅な加筆修正・再構成をしたものです。

水島宏明　みずしま・ひろあき
1957年北海道生まれ。東京大学法学部卒業。札幌テレビでドキュメンタリー制作の現場に携わる。日本テレビ系（NNN）のロンドン、ベルリン特派員を歴任後、2003年日本テレビ入社。『NNNドキュメント』ディレクターと『ズームイン.SUPER』解説キャスターを兼務。「ネットカフェ難民」の名づけ親として貧困問題や環境原子力のドキュメンタリーを制作。2007年度芸術選奨・文部科学大臣賞受賞。2012年から法政大学社会学部教授。

朝日新書
486
内側《うちがわ》から見《み》たテレビ
やらせ・捏造・情報操作の構造

2014年11月30日第1刷発行

著　者　水島宏明

発行者　首藤由之
カバーデザイン　アンスガー・フォルマー　田嶋佳子
印刷所　凸版印刷株式会社
発行所　朝日新聞出版
〒104-8011　東京都中央区築地5-3-2
電話　03-5541-8832（編集）
　　　03-5540-7793（販売）

Published in Japan by Asahi Shimbun Publications Inc.
ISBN 978-4-02-273586-7
定価はカバーに表示してあります。

落丁・乱丁の場合は弊社業務部（電話03-5540-7800）へご連絡ください。
送料弊社負担にてお取り替えいたします。